Wetter

Band 4

Louis J. Battan

Wetter

Übersetzt von Gerd-Rainer Weber

68 Abbildungen, 13 Tabellen

Ferdinand Enke Verlag Stuttgart 1979

Titel der Originalausgabe: „Weather"
© Prentice-Hall International, Englewood Cliffs, New Yersey 1974

Autor:
Professor Dr. Louis J. Battan
Chairman
Department of Atmospheric Sciences
University of Arizona, Tucson, Arizona USA

Übersetzer:
Dipl.-Meteorologe Gerd-Rainer Weber
Meteorologisches Institut der
FU Berlin — WAG 3 —
Podbielskiallee 62
D-1000 Berlin

CIP-Kurztitelaufnahme der Deutschen Bibliothek
Battan, Louis J.:
Wetter / Louis J. Battan. Übers. von Gerd-Rainer
Weber. — Stuttgart : Enke, 1979.
   (Geowissen kompakt ; Bd. 4)
   Einheitssacht.: Weather ⟨dt.⟩
ISBN 3-432-90391-X

Alle Rechte, insbesondere das Recht der Vervielfältigung und Verbreitung an der deutschen Ausgabe, vorbehalten. Kein Teil des Werkes darf in irgendeiner Form (durch Photokopie, Mikrofilm oder ein anderes Verfahren) ohne schriftliche Genehmigung des Verlages reproduziert oder unter Verwendung elektronischer Systeme verarbeitet, vervielfältigt oder verbreitet werden.

© 1979 Ferdinand Enke Verlag, POB 1304, D-7000 Stuttgart 1

Printed in Germany

Druck: Druckhaus Dörr, Inhaber Adam Götz, D-7140 Ludwigsburg

Vorwort

Dieses Buch wurde aus der Überzeugung heraus geschrieben, daß der interessierte Leser ein Anrecht darauf hat, an der heutigen meteorologischen Forschung teilzuhaben. Es bietet eine knappe und exakte, leicht lesbare auf den aktuellen Stand der Wissenschaft gebrachte Einführung in die Meteorologie, die sich in erster Linie als Physik der Atmosphäre und nicht so sehr als Wettervorhersagekunst demonstriert. Ausgehend von der Definition meteorologischer Grundbegriffe, wird zur Beschreibung atmosphärischer Phänomene und letztlich zu den ungelösten Problemen, den anstehenden Forschungsaufgaben, hingeführt.

Die Wettervorhersage entpuppt sich zum Beispiel als ein System von Gleichungen, aus dem alle Werte, die das Wetter ausmachen, wie Wolken, Wind und Regen als Zahlenkombinationen und Wahrscheinlichkeitsaussagen abgeleitet werden können. Die Einführung elektronischer Rechenanlagen hat in den letzten Jahren zu ganz revolutionären Umwälzungen geführt und wird in der Zukunft einen noch höheren Stellenwert einnehmen. Die Zukunftsvision einer vollautomatisierten Wettervorhersage scheint in greifbare Nähe gerückt und es wird sie eines Tages ohne Zweifel geben.

Über die tägliche Wettervorhersage hinaus, stehen noch eine ganze Reihe anderer Probleme atmosphärischer Physik zur Diskussion. Die gesamte Breite meteorologischer Forschung und ihrer Anwendung wird offenbar. Oftmals treten dabei zwischen verschiedenen Forschergruppen Kontroversen zutage. An keiner Stelle, wie in der Frage der Klimaänderungen, wird versucht, einzelne Theorien stärker herauszustellen; vielmehr werden verschiedene gängige Ansichten präsentiert und gegeneinander abgewogen. Dabei wird deutlich, daß im Augenblick keine der Theorien in der Lage ist, den Abkühlungstrend der letzten 40 Jahre zu erklären. Letztendliche Lösungen werden nicht geboten, können gar nicht geboten werden, denn oft werden sie schon nach zwei oder drei Jahren von der laufenden meteorologischen Forschung überholt.

Oktober 1979 *Gerd-Rainer Weber*

Inhalt

1 Allgemeine Eigenschaften der Erdatmosphäre 1

    Die Zusammensetzung der reinen Luft 1
    Schmutzstoffe in der Atmosphäre 5
    Aerosole 7
    Strahlung 10
    Strahlungsbilanz der Atmosphäre 13
    Wärmetransport in der Atmosphäre und in den Ozeanen .. 16
    Vertikalaufbau der Atmosphäre 19

2 Luftströmungen und Winde 24

    Vertikalbewegungen 24
    Vertikale Temperaturgradienten 27
    Der adiabatische Temperaturgradient 31
    Vertikalbewegungen feuchter Luft 33
    Horizontale Luftströmungen - die Winde 35
    Lokale Windsysteme 39

3 Grundzüge der planetarischen Zirkulation 42

    Beschreibung der allgemeinen Zirkulation 42
    Mechanismen der allgemeinen Zirkulation 51
    Wechselwirkungen zwischen Ozean und Atmosphäre 53
    Theoretische Modelle der allgemeinen Zirkulation 55
    Andere Größenordnungsstufen atmosphärischer Strömungen 59

4 Fronten und Zyklonen 61

    Luftmassen 61
    Fronten 65
    Zyklonen 66

5 Wolken, Niederschlag und der Wasserkreislauf 75

    Der Aufbau der Wolken 75
    Wolkenarten 80
    Die Entstehung von Regen, Schnee und Hagel 87
    Der Wasserkreislauf 92

6 Schwere Unwetter ... 97

Gewitter ... 97
Organisierte Gewitter ... 100
Tornados ... 104
Hurrikane ... 108

7 Die Klimate der Erde ... 116

Beschreibende Klimatologie ... 117
Klimaklassifikationen ... 123
Das Klima der Erde ... 127
Hypothesen über die Änderung des Klimas ... 131

8 Anwendungen meteorologischen Wissens ... 136

Die Nutzung klimatologischer Daten ... 136
Die Wettervorhersage ... 138
Die Beeinflussung des Wetters ... 146
Gesellschaftliche Konsequenzen der Wetterbeeinflussung . 151

9 Anmerkungen ... 152

10 Anhang ... 153

11 Literatur ... 155

12 Register ... 156

1 Allgemeine Eigenschaften der Erdatmosphäre

Die Erde ist in vieler Hinsicht einzigartig. Keiner der anderen Planeten des Sonnensystems hat ihre weiten Ozeane und keiner eine Atmosphäre, die in ihrer Zusammensetzung ähnlich der der Erde ist. In anderen Büchern dieser Reihe sollen die planetarischen Atmosphären und die Ozeane behandelt werden. In diesem Büchlein wollen wir die irdische Atmosphäre besprechen, ihre Eigenschaften und ihr Verhalten, die Bildung von Wolken und Stürmen, die Faktoren, die das Klima beherrschen, wie das Wetter vorhergesagt wird und wie es geändert oder kontrolliert werden kann.

Die Zusammensetzung der reinen Luft

Die Atmosphäre ist eine Mischung von Gasen und Aerosolen, wobei Aerosol der Name für kleine feste und flüssige Partikel ist, die in der Luft verteilt sind. Über Aerosole wird später mehr gesagt werden; im Augenblick betrachten wir nur die atmosphärischen Gase. Der Begriff LUFT wird gemeinhin so verwendet, als ob es sich um ein spezisches Gas handelt, tatsächlich ist das aber nicht der Fall. Die Luft ist eine Mischung von vielen Gasen; einige werden als permanenter Bestandteil der Atmosphäre bezeichnet, denn sie sind in festgesetzten Proportionen im Gesamtgasvolumen enthalten. Der Anteil anderer Gase variiert sehr stark in seiner räumlichen und zeitlichen Verteilung. Wenn die Luft trocken ist, d.h. wenn sie keinen Wasserdampf enthält, sehen die relativen Konzentrationen verschiedener Gase in der Atmosphäre wie in Tab. 1-1 dargestellt aus. Diese Größen sind im wesentlichen über der ganzen Erde konstant und ändern sich nicht bis zu einer Höhe von etwa 80 km.

Von den zwei wesentlichsten Bestandteilen ist Stickstoff ein relativ träges Gas, das mit anderen Substanzen nur unter ungewöhnlichen Umständen reagiert und daher ist seine Konzentration in der Atmosphäre im wesentlichen konstant.

Andrerseits wurde vermutet, daß sich der Sauerstoffgehalt der Atmosphäre aufgrund zweier Faktoren kontinuierlich verringern sollte, erstens durch den Abbau der Pflanzenwelt, durch die Kohlendioxid zu Sauerstoff umgewandelt wird und zweitens durch die Verbrennung fossiler Materialien. Es gibt keinen Hinweis dafür, daß dies bereits eingetreten ist oder in der näheren Zukunft eintreten wird. Messungen des Sauerstoffgehaltes lassen keine An-

Tabelle 1-1 Die wichtigsten Gase in der Erdatmosphäre

Bestandteil	Volumenprozent trockener Luft	Konzentration in Teilen pro Million (ppm)*
Stickstoff (N_2)	78.084	
Sauerstoff (O_2)	20.946	
Argon (A)	0.934	
Neon (Ne)	0.00182	18.2
Helium (He)	0.000524	5.24
Methan (CH_4)	0.00015	1.5
Krypton (Kr)	0.000114	1.14
Wasserstoff (H_2)	0.00005	0.5
Wichtige veränderliche Gase		
Wasserdampf (H_2O)	0–3	
Kohlendioxid (CO_2) *	0.0325	325
Kohlenmonoxid (CO)		<100
Schwefeldioxid (SO_2)		0–1
Stickstoffdioxid (NO_2)		0–0.2
Ozon (O_3)		0–2

* Kohlendioxid ist einheitlich durch die Atmosphäre verteilt, aber seine Konzentration steigt mit einer Rate von rund 0.7 ppm pro Jahr an. Die Konzentration betrug im Jahre 1974 ca. 325 ppm.

zeichen auf eine Änderung in diesem Jahrhundert erkennen und es sind auch keine meßbaren Änderungen bis in die weitere Zukunft vorhersehbar. Die Produktion von Sauerstoff scheint im Gleichgewicht mit seinem Verbrauch durch Tiere und Bakterien zu stehen.

Einige der sehr veränderlichen, anteilmäßig geringen Gase in der Atmosphäre sind sehr wichtig. Viele der Schadgase, die später behandelt werden sollen, fallen in diese Kategorie. Ein äußerst wichtiges Gas für den Menschen ist Ozon. Es besteht aus drei Sauerstoffatomen und hat das chemische Zeichen O_3. Es gibt sehr wenig Ozon in der Atmosphäre, weniger als 0.00005 Volumenprozent. In bestimmten Großstädten, wie Los Angeles, kann die Ozonkonzentration am Boden in Extremfällen Werte bis zu 0.1 ppm annehmen[1], aber die Hauptmenge des Ozons tritt in Höhen von 10 – 50 km über dem Erdboden auf. Zwischen 20 und 30 km Höhe liegt die Ozonkonzentration oftmals in der Größenordnung von 10 ppm.

Die Ozonschicht ist nicht konstant. Sie ändert sich mit der Höhe, geographischer Breite sowie der Jahres- und Tageszeit. Das

Ozon bildet sich durch photochemische Reaktionen. Sauerstoffmoleküle (O_2), die kurzwellige Solarstrahlung absorbieren, werden dissoziiert und bilden Sauerstoffatome (O). Die Kollision von Sauerstoffmolekülen, -atomen und anderen Partikeln führt zur Bildung von Ozon (O_3). Das Ozon wiederum absorbiert sehr stark die von der Sonne kommende Ultraviolettstrahlung, die das Ozon dissoziiert und O sowie O_2 produziert. Es sind noch viele andere chemische Reaktionen an der Bildung und Verteilung des Ozons beteiligt. Theoretische Untersuchungen haben Hinweise für die Rate geliefert, mit der die entsprechenden Prozesse ablaufen müssen, um zu der beobachteten Ozonverteilung in der oberen Atmosphäre zu führen.

Glücklicherweise existiert die Ozonschicht zur Absorption ultravioletter Strahlung. Gäbe sie es nicht, so könnte die Strahlung schädliche biologische Effekte auf der Erde hervorrufen. Sonnenbrände wären schwerer und Hautkrebs viel häufiger. Diese Tatsache wurde von einigen Wissenschaftlern benutzt, um sich der Entwicklung hochfliegender Überschallflugzeuge entgegenzusetzen. Die Triebwerke derartiger Flugzeuge emittieren Stickoxide, die mit dem Ozon reagieren und seine Konzentration in Flughöhen von etwa 20 km herabsetzen könnten. Passierte dies, so würde mehr ultraviolette Strahlung den Erdboden erreichen und es gäbe mehr Hautkrebs. Diese Behauptung ist nicht bewiesen, aber sie ist es wert, daß ihr Aufmerksamkeit zuteil wird.

Eines der lebenswichtigsten und veränderlichsten Gase in der Atmosphäre ist der Wasserdampf. In einer trockenen Wüstenregion mag er in kaum meßbaren Mengen vorhanden sein. Im anderen Extrem, in warmer, gesättigter Luft in Meereshöhe, kann er drei Prozent des Luftvolumens ausmachen. Enthält die Luft Wasserdampf, wird sie „feuchte Luft" genannt. Manchmal wird der Begriff „Feuchtigkeit in der Luft" nicht nur gebraucht, um das gasförmige H_2O zu bezeichnen, sondern auch die flüssigen H_2O-Tröpfchen, aus denen eine Wolke besteht. In dieser Besprechung der Zusammensetzung der Atmosphäre wird nur der Wasserdampf betrachtet. Es sollte jedoch angemerkt werden, daß für die Atmosphäre als ganzes die Menge des H_2O in der Form von Flüssigkeit oder Wasserwolkenteilchen klein ist im Vergleich zum gasförmigen Wasser.

Es gibt viele Möglichkeiten, um den Grad des Feuchtegehaltes der Luft auszudrücken, was dazu führt, daß manchmal Verwirrung über ihre genaue Bedeutung entsteht. Zwei gebräuchliche Begriffe sind zum Beispiel die **Absolute Feuchtigkeit** und die **Relative Feuchtigkeit**. Das erstere ist die Masse des Wasserdampfes in einem Einheitsluftvolumen; dies ist das gleiche wie die Dichte des

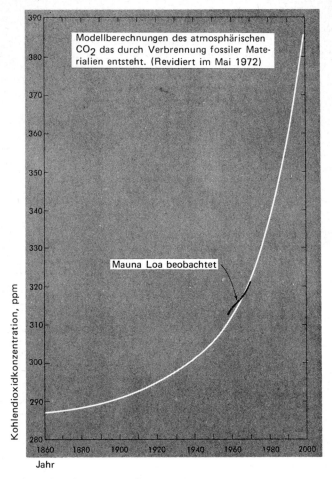

Abb. 1-1 Berechnung der Kohlendioxidkonzentration, die durch Verbrennung fossiler Materialien in die Erdatmosphäre gebracht wird. Aus L. *Machta*, Brookhaven Symposium, Mai 1972.

Wasserdampfes in der Luft. Das zweite kann mit hinreichender Genauigkeit dadurch bestimmt werden (in Prozent), daß man die absolute Feuchtigkeit der Luft bei einer gegebenen Temperatur durch die absolute Feuchtigkeit dividiert, die diese Luft hätte, wenn sie bei dieser Temperatur mit Wasserdampf gesättigt wäre. Darüber wird in einem späteren Kapitel noch mehr gesagt.

Ein anderes, in der Erdatmosphäre häufig vorkommendes Gas ist Kohlendioxid. Obwohl es über die Erde recht gleichförmig verteilt ist, ist seine Konzentration während der letzten hundert Jahre ständig angestiegen (s. Abb. 1-1). Seit 1960 nimmt die Konzentration von CO_2 um etwa 0.7 ppm pro Jahr zu. Diese Zunahme ist größtenteils auf die Verbrennung fossiler Materialien — Kohle, Öl, Gas — zurückzuführen. Man hat geschätzt, daß etwa die Hälfte des durch Verbrennung fossiler Stoffe in die Atmosphäre gelangten CO_2 in ihr verbleibt.

Der Rest wird durch die Vegetation und die Ozeane aufgenommen. Unter der Annahme eines bestimmten Brennstoffverbrauchs und bestimmter Austauschraten hat man geschätzt, daß bis zum Jahre 2000 die CO_2-Konzentration in der Atmosphäre 380 ppm erreicht. Das würde gegenüber dem 1970 beobachteten Wert von 322 ppm einen Anstieg von 18 Prozent bedeuten.

Das Interesse am Kohlendioxid gründete sich nicht auf Besorgnis hinsichtlich seiner giftigen Folgeerscheinungen. Stattdessen wurde ihm große Aufmerksamkeit zuteil, weil es ein guter Absorber infraroter Strahlung ist und daher den Energietransfer durch die Atmosphäre beeinflußt. Im Allgemeinen würde eine Zunahme des Kohlendioxids zu einer Erwärmung der unteren Atmosphäre führen, stünde es allein als aktive Komponente in einer statischen Atmosphäre. Es ist jedoch bekannt, daß die Atmosphäre kein einfaches statisches System ist und daher die letztendlichen Auswirkungen einer CO_2-Zunahme nicht leicht zu bestimmen sind. Nichtsdestoweniger muß ihnen bei der Beurteilung des Einflusses von Gasen und Aerosolen auf die weltweiten Temperaturen Rechnung getragen werden. Diese Fragen werden in einem späteren Kapitel detaillierter behandelt.

Schmutzstoffe in der Atmosphäre

Auf eine Weise kann Kohlendioxid als Schmutzstoff angesehen werden, denn seine Konzentration wird durch menschliche Aktivitäten vergrößert und es kann letztendlich schädliche Auswirkungen haben. Andrerseits stellt es keine direkte und unmittelbare Bedrohung für Menschen, Tiere, Pflanzen und Eigentum dar wie einige andere bekannte Gase und Partikel.

Eines der bekanntesten atmosphärischen Verunreinigungen ist das Schwefeldioxid (SO_2). Es gelangt meist durch Verbrennung von Kohle und Öl sowie bei der Verhüttung schwefelhaltiger Mineralien in die Atmosphäre. Kraftwerke, Ölraffinerien und Kupferhütten sind reichhaltige SO_2-Produzenten. In der Umgebung derartiger Lokalitäten kann die Konzentration viele ppm erreichen und unter besonderen meteorologischen Bedingungen für Mensch und Tier töglich sein. In großen Städten übersteigt die SO_2-Konzentration selten 1ppm, aber selbst dieser geringe Wert wird als sehr hoch für sehr junge und sehr alte Menschen angesehen, besonders für diejenigen mit Atmungsproblemen.

Einer der Punkte, an die man erinnern muß, wenn man Schmutzstoffe wie SO_2 betrachtet, ist, daß sie selten allein vorhanden sind; die verschiedenen Gase und Partikel sind miteinander vermischt. In der Anwesenheit von Wasserdampf und Sonnenlicht können sie miteinander reagieren, sich zusammentun und Substanzen produzieren, die schädlicher sind als irgendeines der vorhandenen Gase oder Partikel für sich allein genommen. Schwefeldioxid wird bei Anwesenheit von hinreichenden Mengen Wasserdampf zu Schwefeltrioxid (SO_3) und letztlich zu kleinen Teilchen von H_2SO_4, Schwefelsäure. Diese Substanz kann ernsthafte Schäden verursachen, wenn sie sich in der Lunge ablagert. Sie kann ebenfalls den Verfall von Vegetation und vieler Feststoffe, wie Textilien, Papier und Leder herbeiführen.

Stickstoffdioxid (NO_2) bildet sich durch Bindung von Stickstoff und Sauerstoff in einem Verbrennungsprozeß bei hohen Temperaturen, wie er in einem Automotor abläuft. Dieses Gas kann in genügenden Konzentrationen giftig sein. Glücklicherweise ist die Konzentration sogar in Los Angeles mit seiner hohen Dichte von Autos und Stadtautobahnen selten höher als 0.1 bis 0.2 ppm.

Motorfahrzeuge produzieren auch große Mengen des bekannten Gases Kohlenmonoxid (CO). Im Gegensatz zum Kohlendioxid greift es das im Blut enthaltene Hämoglobin an und hindert es daran, Sauerstoff von der Lunge in das Zellgewebe des Körpers zu transportieren. Die CO-Konzentration in einer Großstadt kann während der Verkehrsspitzenzeiten kurzzeitig Werte bis zu 100 ppm erreichen. Sie ist hochgradig vom Verkehr und den atmosphärischen Bedingungen abhängig. CO wird als gefährlicher Schadstoff angesehen. CO-Konzentrationen von 10 ppm oder mehr über einen Zeitraum von 8 Std. können das menschliche Reaktionsvermögen verlangsamen.

Eine noch andere Kategorie von unerwünschten Gasen, die meist durch Automobile, Lastwagen und Flugzeuge in die Luft gebracht werden, ist aus Kohlenwasserstoffen zusammengesetzt. Dies sind verdampfte Komponenten nichtverbrannten Petroleumtreibstoffes. Die Konzentrationen sind gewöhnlich geringer als 1-2 ppm, aber diese Kohlenwasserstoffe tragen zu einem großen

Teil des menschlichen Unbehagens bei. Sie reagieren in der Anwesenheit von Sonnenlicht mit Stickoxiden, Ozon und anderen Substanzen und produzieren den photochemischen Smog der die im Gebiet von Los Angeles so bekannten Augenbeschwerden hervorruft.

Aerosole

Die Atmosphäre enthält eine große Anzahl fester und flüssiger Partikel. Die größten von ihnen, die mit Wolken, Regen, Schnee und Hagel im Zusammenhang stehen, werden in einem späteren Kapitel besprochen. Wir betrachten jetzt nur die kleineren, von denen die meisten dem bloßen Auge unsichtbar bleiben. Die meisten dieser Partikel bestehen aus: in die Atmosphäre aufgewirbeltem Staub, übrigbleibenden Salzen aus verdunsteten Ozeanwassertröpfchen, von Verbrennungsprozessen herrührendem Rauch, verschiedenen Substanzen, die durch Vulkane in die Atmosphäre gebracht wurden, Sulfat- und Nitratteilchen, die durch chemische Prozesse in der Atmosphäre entstanden sind und kleinen Tröpfchen von Schwefel- oder Salpetersäure, die sich in der Luft gebildet haben.

Die Anwesenheit von Aerosolen kann auf vielen Wegen bestimmt werden. Die Partikel können auf Glasplättchen eingefangen und mit einem optischen oder Elektronenmikroskop betrachtet werden. In einigen Fällen können chemische Tüpfelproben gemacht werden, um die Zusammensetzung zu ermitteln.

Die Partikelkonzentration kann mit einem Aitkenkernzähler gemessen werden. Dieses Instrument besteht aus einer Kammer, mit der Luft eine Probe entnommen wird, die in der Kammer rasch expandiert wird. Als Resultat dieses Expansionsprozesses kühlt sich die Luft schnell ab, der Wasserdampf kondensiert an den Partikeln und es bildet sich eine Wolke. Durch Messung der Lichttrübung dieser Wolke ist es möglich, die Konzentration der in der Luft enthaltenen Partikel mit Radien größer als $10^{-3} \mu m$ zu bestimmen.

Eine Abschätzung der Partikelladung, d.h. der Partikelmasse in einem Einheitsluftvolumen, kann man mit einem Filter erhalten, durch den ein großes Luftvolumen hindurchgeleitet wird. Der Filter wird vor und nach der Luftdurchführung gewogen, um die Masse der Partikel zu bestimmen. Bestimmte chemische Tests gestatten bei einigen Substanzen die Ermittlung relativer Mengen, aber diese Methoden geben nahezu keine Informationen über die Größe der Partikel her.

Die Gesamtteilchenladung der Atmosphäre kann auch durch optische Methoden bestimmt werden. Beispielsweise können Messungen der Änderung der einfallenden Sonnenstrahlung an wolkenlosen Tagen mit der atmosphärischen Trübung in Verbindung gebracht werden. Die Rückstreuung von Licht eines starken Scheinwerferstrahls oder besser noch eines Laserstrahls, der während der Nacht nach oben gerichtet wird, kann dazu dienen, eine Partikelschicht zu lokalisieren und die Teilchengröße und Konzentration zu bestimmen. Tab. 1-2 stellt einige Daten über die in der Atmosphäre beobachtete und mit einem Aitkenkernzähler gemessene Partikelkonzentration zusammen.

Tabelle 1-2 Konzentration von Aitkenkernen in der Atmosphäre (Aus H. *Landsberg*, Atmospheric condensation nuclei. — Ergebn. Kosm. Phys., 1938)

Ort	Zahl der Messungen	Konzentrationen (Teilchen pro cm^3)		
		Durchschnitt	Minimum	Maximum
Ozeane	600	940	2	39,800
Gebirge				
Oberhalb 2 km	190	950	6	27,000
1-2 km	1,000	2,130	0	37,000
0.5-1 km	870	6,000	30	155,000
Offene Landschaft	3,500	9,500	180	336,000
Stadt	4,700	34,300	620	400,000
Großstadt	2,500	147,000	3,500	4.000,000

Die Tabelle zeigt, daß die Konzentration der Teilchen über Kontinenten, besonders in Stadtgebieten, sehr viel höher ist als über den Ozeanen. Je kleiner die Teilchen, desto größer die Anzahl. Teilchen mit Radien von 10^{-5} cm können in Konzentrationen von 10^4 cm^{-3} auftreten, während welche mit Radien von 10^{-3} cm in so geringer Zahl wie 10^{-2} cm^{-3} vorkommen können.

Die durchschnittliche Verweilzeit der Teilchen in der Atmosphäre hängt davon ab, wo sie sich befinden. Diejenigen in der unteren Atmosphäre bleiben nur ein bis vier Wochen in der Luft. Sehr kleine Teilchen, die durch Vulkanausbrüche in die Stratosphäre etwa oberhalb von 10 km geschleudert wurden, können dort ein bis zwei Jahre bleiben. Die Abwesenheit von Wolken und Regen, sowie die geringe Sinkgeschwindigkeit der Teilchen in der Stratosphäre sind für diese langen Zeitspannen verantwortlich.

Es gibt keinen Zweifel daran, daß über vielen großen und wachsenden Städten die Aerosolkonzentration innerhalb der letzten

Jahrzehnte zugenommen hat. Eine kritische Frage, immer noch nicht zufriedenstellend beantwortet, beschäftigt sich mit dem Grad der Zunahme der Teilchenkonzentration in der gesamten Atmosphäre, hervorgerufen durch menschliche Aktivitäten. Da die Teilchen den Strahlungsfluß durch die Atmosphäre beeinflussen, könnte ein stärkerer Anstieg des Aerosolgehaltes bedeutende Auswirkungen auf das globale Klima haben. Die vorliegenden Forschungsergebnisse weisen auf einen Anstieg des Aerosolgehaltes in der Nordhemisphäre aber nur auf geringe Veränderungen in der Südhemisphäre hin. Abb. 1-2 zeigt eine Kurve der atmosphärischen Trübung, basierend auf Daten, die auf einem Berggipfel in Hawaii gewonnen wurden. Je größer die Trübung, desto größer die Teilchenmenge in der Luft. Diese Beobachtungen zeigen deutlich den Auswurf von Partikeln in die Atmosphäre durch mehrere große Vulkane.

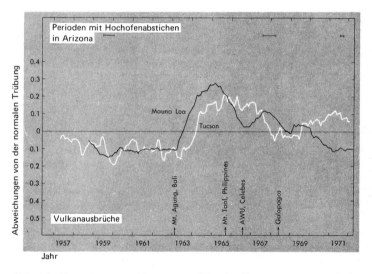

Abb. 1-2 Abweichung vom Mittel atmosphärischer Trübungsmessungen über Tucson, Arizona und Mauna Loa, Hawaii. Die Kurven beruhen auf jährlichen Mittelwerten. Aus K. Heidel, Science, 1972, 177: 882-883

Nach den massiven Ausbrüchen des Krakataus im Jahre 1883 und des Mount Agung im Jahre 1963 waren die Sonnenuntergänge in den darauf folgenden zwei Jahren die meiste Zeit besonders brilliant und farbenprächtig. Die kleinen Partikel streuten den blauen Anteil des Sonnenlichts stärker als den roten und führten zu prachtvollen Himmelserscheinungen bei Sonnenauf- und -untergang. Etwa nach 1963 gab es keine wirklich großen Vulkanausbrüche mehr und die Lufttrübung erreichte wieder nahezu ihre Werte aus früheren Jahren. Messungen des Partikelausfalls auf Gletscher in der Sowjetunion haben einen Anstieg des atmosphärischen Partikelgehaltes vermuten lassen. Es könnten andere Ergebnisse angeführt werden, um zu zeigen, daß sich die Forschungsergebnisse über die weltweite Teilchenverschmutzung widersprechen. Wir werden auf dieses Thema in Kap. 7 zurückkommen.

Strahlung

Sogar ein beiläufiger Blick auf Wettersysteme wie tropische Wirbelstürme zeigt, daß große Energiemengen im Spiel sind. Für die Erklärung der Windströmungen auf der Erde müssen enorme Energiemengen herangezogen werden. Wo kommt diese Energie her, wie wird sie von Ort zu Ort transferiert, wie beeinflußen Gase und Aerosole diesen Transfer und wie wird die Energie von einer Form in die andere überführt? Dies sind einige der zentralen Fragen der Meteorologie.

In der Atmosphäre wird Energie durch drei Mechanismen transportiert: Wärmeleitung, Konvektion und Strahlung. Wie jedermann weiß, ist Wärmeleitung der direkte Wärmetransport von einer Materie in die nächste durch direkten Kontakt mit ihr. Wenn man einen hießen Gegenstand berührt, wird die Hand heiß, da sie Wärme durch Leitung aufnimmt.

Konvektion ist ein Mechanismus, der Wärme durch Bewegung von Masse des Mediums transportiert. Wenn warme Luft aufsteigt und kalte Luft absinkt, wird Wärme in der Atmosphäre nach oben transportiert. In ähnlicher Weise findet ein Transport von Wärme zum Pol hin statt, wenn sich warme Luft polwärts und kalte Luft äquatorwärts bewegt. Diese Form der horizontalen Konvektion wird von den Meteorologen **Advektion** genannt. Konvektion und Advektion spielen im atmosphärischen Wärmetransport entscheidend wichtige Rollen, jedoch ist für die Erde als ganzes gesehen die Advektion wichtiger, da bei ihr sehr große Luftmengen im Spiel sind. Der Wärmetransportmechanismus, der an dieser Stelle detaillierter behandelt werden wird, ist die Strahlung. Dies ist ein Energietransport durch elektromagnetische Wellen, die von fester, flüssiger oder gasförmiger Materie abgestrahlt werden. Strahlungsenergie kann durch ein Vakuum, wie den Weltraum hindurchgehen. Sie kann ebenso verschiedene Medien durchdringen, jedoch nur unter einem gewissen Grad an Wechselwirkung mit dem Medium. Zum Beispiel werden einige Strahlungsarten durch Wasserdampf und Kohlendioxid teilweise absorbiert und können daher nicht leichthin durch die Atmosphäre hindurchgehen.

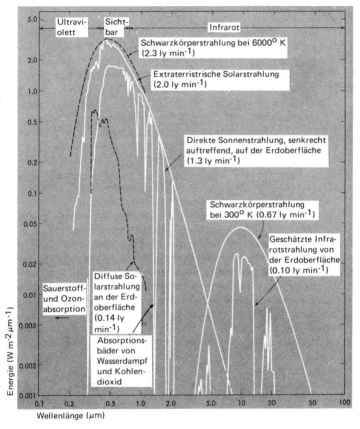

Abb. 1-3 Spektren solarer und terristrischer Strahlung. Die Schwarzkörperstrahlung bei 6000°K wird reduziert durch das Quadrat des Quotienten von Sonnenradius und des mittleren Abstandes der Erde von der Sonne um den Ener Energiefluss anzugeben, der an der Obergrenze der Atmosphäre auftreffen würde. Die Einheit W m^{-2} μm^{-1} beschreibt diejenige Energiemenge, die in einem Wellenlängenintervall von einem um Breite auftritt. Aus W. D. Sellers, Physical Climatology, University of Chicago Press, 1965.

Um das Verhalten der Atmoshäre zu verstehen, ist es wichtig, etwas über das Wesen der Strahlung zu wissen. Jedermann ist vertraut mit gewissen Aspekten der Sonnenstrahlung. Sie wärmt die Erde und verursacht einen Sonnenbrand, wenn man sich ihr zu lange aussetzt. Manchmal sieht man während eines sommerlichen Regenschauers einen Regenbogen, der zeigt, daß sich das Sonnenlicht aus vielen Farben von Violett bis Rot zusammensetzt.

Da jede der Farben einer bestimmten Wellenlänge des elektromagnetischen Spektrums entspricht, würde man vermuten, daß die Sonne auch Energie in anderen als den sichtbaren Wellenlängenbereichen abstrahlt (s. Abb. 1-3).

Der größte Teil der Energie wird von einem sehr heißen Körper wie der Sonne in Form sehr kurzer elektromagnetischer Wellen abgestrahlt. Fast die gesamte Energie fällt in das Wellenlängenintervall von nahezu Null bis vielleicht vier oder fünf Mikrometer. Die Spitzenemission liegt im sichtbaren Wellenlängenbereich von Violett (etwa 0.4 μm) bis Rot (etwa 0.7 μm). Manchmal werden diese Wellenlängen in Angström (abgekürzt Å) ausgedrückt; Violett und Rot entsprechen Wellenlängen von 4000 respektive 7000 Å.

Strahlungsenergie mit Wellenlängen kürzer als die des Violetts liegt im Ultraviolettband und ist unsichtbar, kann aber von Ozon wirksam absorbiert werden. Diese Absorption ist für eine warme Luftschicht in der hohen Atmosphäre verantwortlich, in der Ozon gefunden wird. Bei noch kürzeren Wellenlängen im Sonnenspektrum trifft man auf Röntgenstrahlen.

Wellenlängen größer als die des sichtbaren Rots werden Infrarot genannt. Sie können im Bereich von gerade über 0.7 μm bis vielleicht 100 μm auftreten. Ein relativ kalter Körper wie die Erde emittiert maximale Strahlungsenergie im Bereich von 10-15 μm.

Es ist eine physikalische Tatsache, daß jede Materie – gasförmig, flüssig oder fest – Energie abstrahlt, solange Ihre Temperatur nicht auf den absoluten Nullpunkt gebracht werden kann. Die Strahlungsmenge und die spektralen Eigenheiten hängen von den Charakteristiken der Materie, insbesondere ihrer Temperatur, ab. Die maximale Strahlungsmenge, die bei einer gegebenen Temperatur abgegeben wird, nennt man die **Schwarzkörperstrahlung**, eine Bezeichnung, die irreführend sein könnte, denn eine Substanz, die sich wie ein Schwarzkörper verhält, muß weder schwarz noch ein Körper sein. Wie dem auch sei, falls irgend ein Objekt wie die Sonne oder die Rede sich so verhält, kann sein Strahlungsspektrum allein aus der Temperatur berechnet werden. Mehrere wohlbekannte Strahlungsgesetze machen dies möglich. Das Stefan-Boltzmann-Gesetz sagt aus, daß die gesamte von einem Körper abgestrahlte Energie der vierten Potenz seiner Temperatur proportional ist. Das

Plancksche Gesetz spezifiziert wie sich die Abstrahlung eines
Schwarzen Körpers bei einer gegebenen Temperatur mit der Wellenlänge ändert.

Betrachtet man die Strahlung einer Substanz, so ist es wichtig
zu sehen, daß sich diese Substanz nicht wie ein Schwarzer Körper
verhält. Dieser Tatsache wird durch die Einführung einer Größe,
der „Emissivität", Rechnung getragen. Sie ist das Verhältnis der
tatsächlich abgestrahlten Energie zu derjenigen, die ein Körper
ausstrahlen würde, wäre er ein Schwarzer Körper.

Strahlung, die auf irgendeine Substanz trifft, kann verschiedene Prozesse durchlaufen. Sie kann ganz oder teilweise absorbiert
und dazu benutzt werden, die absorbierende Substanz zu erwärmen. Ebenso kann ein Teil der Strahlung reflektiert oder gestreut
werden. Das Wort reflektiert ließe vermuten, daß die Strahlung zurückgeworfen werde, wohingegen sie in Wirklichkeit in alle Richtungen gestreut werden kann − zurück, seitwärts und nach vorn.
Abb. 1-3 zeigt Spektren solarer und terrestrischer Strahlung bei
repräsentativen Temperaturen von Sonne und Erde. Die glatten
Kurven würden der Schwarzkörperstrahlung entsprechen. Die unregelmäßigen Kurven zeigen die Effekte von Gasen, Partikeln und
Nicht-Schwarzkörperstrahlung in der Atmosphäre. Darüber wird
in der nachfolgenden Diskussion mehr gesagt.

Strahlungsbilanz der Atmosphäre

Die mittlere Temperatur der Atmosphäre ändert sich nur langsam.
In einem halben Jahrhundert mag sie im Meeresniveau um ein Grad
steigen oder sinken. Unter bestimmten Gesichtspunkten ist eine
solche Veränderung sehr wichtig. Sie kann weitreichende Folgen
auf das Seeis, die Meeresspiegelhöhe und die Wachstumsperiode
in Randzonen der Erde haben. Nichtsdestoweniger ist es aber vernünftig anzunehmen, daß die Temperatur über einen langen Zeitraum hinweg gleichbleibt, wenn man die Strahlungsbilanz der ganzen Erde betrachtet. Damit das so sein kann, muß der Betrag der
einfallenden Solarstrahlung gleich dem Betrag der von der Erdoberfläche und der Atmosphäre wieder ausgesandten Strahlung sein.

Die durchschnittliche Strahlungsmenge, die an der Obergrenze
der Atmosphäre pro Zeit- und Flächeneinheit auftrifft, nennt man
die **Solarkonstante**. Ihr Wert wird als 1353 Wm^{-2} genommen.
Wenn diese Größe mit der Querschnittsfläche der Erde multipliziert wird ergibt sich als gesamte von der Erde aufgefangene Sonnenenergie 15/36 X 10^{21} jd^{-1}. Würde sie gleichmäßig über die gesamte Erdoberfläche verteilt werden, dann wäre der von einer Ein-

heitsfläche empfangene Betrag 1100 X 10^4 kjm^{-1}a^{-1}. Natürlich wird die Energie nicht gleichmäßig über die Erde verteilt, sondern die äquatornahmen Gebiete bekommen etwa 2.4 mal soviel Sonnenstrahlung wie die polnahen Gebiete.

Nebenbei sind andere Energiequellen wie Wärme aus dem Erdinnern, Reflexionen der Sonnenenergie oder Strahlung vom Mond und Energie aus den solaren Gezeiten viel kleiner als die direkte Sonneneinstrahlung. Insgesamt machen sie etwa das 0.0002-fache der Solarkonstanten aus und können daher bei der Betrachtung des globalen Energiebudgets außer acht gelassen werden.

Ein Vergleich der Größenordnung der gesamten einfallenden Solarstrahlung mit den Energiegehalten verschiedener anderer Phänomene und Prozesse ist aus Tab. 1-3 zu ersehen. Es ist offenkundig, daß die meisten Erscheinungen in dieser Liste im Vergleich zur empfangenen Sonnenstrahlung sehr geringe Energiemengen umsetzen. Diese Tabelle zeigt ebenfalls, daß in die meisten menschlischen Unternehmungen wie die Elektroenergieerzeugung am Hoover-Damm (US-Staat Arizona) und die Explosion nuklearer Waffen im Vergleich mit der Sonnenenergiemenge nur geringe Energiemengen verwickelt sind. In späteren Kapiteln werden wir die meisten der aufgeführten Phänomene, die mit dem Wetter zusammenhängen, durchsprechen. Die Tab. 1-3 gibt einen Bewertungsmaßstab für jedes dieser Phänomene. Man sieht zum Beispiel, daß ein Blitz nur ein Hunderttausendstel der Energie eines durchschnittlichen Sommergewitters hat.

Ein wesentlicher Bruchteil der an der Obergrenze der Atmosphäre auftreffenden Sonnenenergie wird durch Wolken, andere Aerosole und Luftmoleküle in den Raum zurückreflektiert. Diesen Bruchteil nennt man die Albedo der Erde, die im Mittel einen Wert von 0.36 hat. Bevor Wettersatelliten in regulären Gebrauch kamen, basierten die Abschätzungen der Albedo auf unzureichenden globalen Beobachtungen und die weithin gebräuchlichen Werte waren zu hoch.

Überlegen wir, was mit der Einstrahlung von 1100x10^{4}kJ m^{-2}a^{-1} passiert, unter der Annahme, daß sie gleichmäßig über die Erdoberfläche in den höheren Schichten der Atmosphäre aufgenommen wird. Forthin werden 10^{4}kJ m^{-2}a^{-1} als eine Einheit bezeichnet werden. Wie in Abb. 1-4 illustriert, werden 36 Prozent, oder 39 Einheiten von den Wolken und der Atmosphäre reflektiert. Atmosphärische Gase, Staub und Wolken absorbieren 188 Einheiten, die Erdoberfläche absorbiert 519 und 67 Einheiten werden von der Erdoberfläche reflektiert.

Tabelle 1-3 Ungefähre Gesamtenergiemengen geophysikalischer Erscheinungen und menschlicher Aktivitäten im Vergleich mit der gesamten Sonnenenergiemenge, die von der Erde aufgenommen wird — 3.67×10^{21} Kalorien pro Tag. (Aus W.D. Sellers, Physical Climatology, University of Chicago Press, 1965).

Pro Tag aufgenommene Sonnenenergie	1
Weltenergieverbrauch im Jahre 1950	10^{-2}
Starkes Erdbeben	10^{-2}
Durchschnittliche Zyklone	10^{-3}
Durchschnittlicher Hurricane	10^{-4}
Ausbruch des Krakataus, August 1883	10^{-5}
Detonation eines Thermonuklearen Sprengsatzes, im April 1965	10^{-5}
Kinetische Energie der Allgemeinen Zirkulation	10^{-5}
Durchschnittliche „Squall-line"	10^{-6}
Durchschnittlicher magnetischer Sturm	10^{-7}
Durchschnittliches Sommergewitter	10^{-8}
Detonation der 20-Kilotonnen Nagasaki-Bombe, August 1945	10^{-8}
Durchschnittliches Erdbeben	10^{-8}
Verbrennung von 7000 t Kohle	10^{-8}
Tägliche Energieerzeugung des Hoover-Staudamms (US-Staat-Arizona)	10^{-8}
Durchschnittlicher Waldbrand in den USA, 1952-53	10^{-9}
Durchschnittlicher örtlicher Schauer	10^{-10}
Durchschnittlicher Tornado	10^{-11}
Straßenbeleuchtung in einer gewöhnlichen Nacht in New York	10^{-11}
Durchschnittlicher Blitzeinschlag	10^{-13}
Einzelne Windbö nahe der Erdoberfläche	10^{-17}
Meteorit	10^{-18}

Um eine ständige Abkühlung oder Erwärmung der Erde zu vermeiden, müssen die von Atmosphäre, Land und Wasser absorbierten 707 Einheiten wieder abgestrahlt werden. Abb. 1-4 zeigt, wie das bewerkstelligt wird. Die Erde emittiert 1079 Einheiten an Infrarotstrahlung, von denen 84 in den Raum entweichen, während 996 Einheiten von den atmosphärischen Bestandteilen, besonders von den Wolken, vom Wasserdampf und Kohlendioxid absorbiert werden. Die gleichen Bestandteile emittieren 1485 Einheiten, von denen 862 wieder von der Erde absorbiert werden und 623 in den Raum entweichen. Demzufolge besteht im Mittel ein Gleichgewicht, denn die gesamte ausgehende Infrarotstrahlung von 707 Einheiten wird durch die gleiche Menge an absorbierter, kurzwelliger Sonnenstrahlung balanziert.

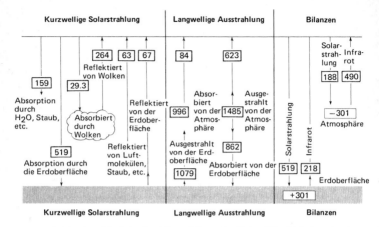

Abb. 1-4 Mittlere jährliche Strahlungsbilanz der Erde. Alle Einheiten in 10^4 KJm^{-2} a^{-1}. Die eintreffende Sonnenstrahlung beträgt $1100 \cdot 10^4$ KJm^{-2}a^{-1}. Basierend auf Daten aus W. D. Sellers, Physical Climatology, University of Chicago Press, 1965.

Die Erdoberfläche absorbiert im globalen Mittel 519 Einheiten an Sonnenstrahlung, während sie 218 Einheiten im infraroten Bereich abstrahlt. Die Differenz von 301 Einheiten nennt man die Nettostrahlungsbilanz der Erdoberfläche. Wie in Abb. 1-4 vermerkt ist, absorbiert die Atmosphäre nur 188 Einheiten an Sonnenstrahlung, während sie 490 Einheiten abstrahlt. Demzufolge beträgt die Nettostrahlungsbilanz der Atmosphäre -301 Einheiten.

Diese Resultate deuten darauf hin, daß das meiste der Energie von der Sonne erst zur Erdoberfläche und dann in die Atmosphäre transferiert wird.

Um zu verhindern, daß die Erdoberfläche zu warm und die Atmosphäre zu kalt wird, muß ein ständiger Energietransport von der Erdoberfläche (Kontinente und Ozeane) in die Atmosphäre stattfinden.

Wärmetransport in der Atmosphäre und in den Ozeanen

Im vorangegangenen Abschnitt betrachteten wir die über die ganze Erde gemittelte Energiebilanz und fanden eine positive Nettostrahlungsbilanz an der Erdoberfläche, die durch eine negative in der Atmosphäre ausgeglichen wurde. Ein solches Gleichgewicht

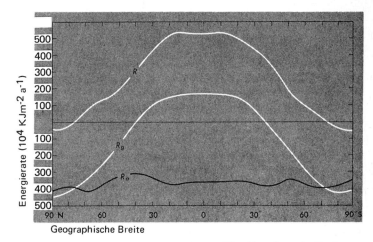

Abb. 1-5 Die mittlere jährliche breitenkreismäßige Verteilung der Strahlungsbilanzen R der Erdoberfläche, R_a der Atmosphäre und R_g des Systems Erde-Atmosphäre. Aus W. D. Sellers, Physical Climatology, University of Chicago Press, 1965.

existiert nicht in allen geographischen Breiten. Der Nettostrahlungsverlust ist nahezu gleich in allen Breiten, aber der Nettostrahlungsgewinn ist maximal in den tropischen Regionen, nimmt polwärts ab und ist in Polnähe negativ (Abb. 1-5).

Die Strahlungsbilanz des Systems Erde-Atmosphäre ist positiv zwischen dem Äquator und einer geographischen Breite von ca. 40° und negativ in höheren Breiten. Gäbe es in beiden Hemisphären keinen polwärtigen Wärmetransport, dann würden die Tropen fortschreitend wärmer werden. Da das nicht passiert ist, muß es einen polwärtigen Wärmetransport geben. Die Größenordnungen des Wärmeflusses sind in Abb. 1-6 dargestellt. Im allgemeinen tritt der maximale polwärtige Wärmetransport zwischen den Breitenkreisen 40 und 50 Grad auf.

Es muß gesehen werden, daß durch Luft- und Meeresströmungen verschiedene Energieformen über die Breitenkreise transferiert werden. Fühlbare Wärme ist diejenige Energie, die sich aus der Bewegung der Luftmoleküle ergibt und durch die Lufttemperatur gemessen wird. Sie wird durch Luft- und Meeresströmungen transportiert. Latente Wärme ist die Energie, die von der Luft aufgenommen wird, wenn Wasserdampf in sie hineinverdampft. Wenn ein Gramm Wasser verdampft, werden etwa 2510 J absorbiert[3].

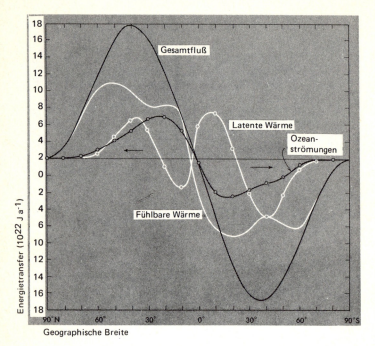

Abb. 1-6 Die mittlere jährliche breitenkreismäßige Verteilung der Komponenten des polwärtigen Energieflußes in 10^{22} J a^{-1}. Aus W. D. Sellers, Physical Climatology, University of Chicago press, 1965

Kondensiert ein Gramm Wasserdampf um Wassertröpfchen zu bilden, werden 600 Kalorien freigesetzt und können dazu dienen, die Luft zu erwärmen. In der Atmosphäre werden auf diese Weise bedeutende Energiemengen transportiert.

Aus der Analyse der Kurven von Abb. 1-6 sieht man, daß der Fluß der latenten Wärme 20-25 Prozent des gesamten Energietransfers ausmacht. Die Kurven zeigen, daß etwa unterhalb einer Breite von 22° Wasserdampf und latente Wärme äquatorwärts und in höheren Breiten polwärts transportiert werden. Der größte Anteil des polwärtigen Energietransportes erfolgt durch Luftbewegungen. In niederen Breiten existiert im Mittel eine konvektiv angetriebene meridionale Zirkulation. Bei einer derartigen Zirkulation steigt die Luft in der Nähe des Äquators auf, bewegt sich in großer Höhe polwärts, sinkt in einer Breite von ca. 30°

ab und bewegt sich in Bodennähe zum Äquator zurück. Eine solche Zirkulation kann den beobachteten Wärmefluß erklären. Einzelheiten der Luftströmungen werden in einem späteren Kapitel untersucht.

In den mittleren Breiten findet der polwärtige Energietransport durch atmosphärische Störungen statt, die Kaltluft aus hohen Breiten äquatorwärts und warme Luft aus niederen Breiten polwärts bewegen. Zwischen den Breiten 50° und 70° macht der Transport fühlbarer Wärme den größten Anteil des Energietransfers aus.

In den letzten Jahren ist die Rolle der Ozeane beim Wärmetransport in größerem Umfange erkannt worden. Dieser Transport wird durch warme, sich polwärts bewegende und kalte, sich äquatorwärts bewegende Meeresströmungen bewerkstelligt. Das sich unter kälterer Luft bewegende Wasser gibt Energie in Form von latenter Wärme ab und fühlbare Wärme, die die Luft direkt erwärmt. Abb. 1-6 zeigt wie der Energietransport durch Meeresströmungen breitenkreismäßig variiert; er ist in niederen Breiten am wichtigsten. Insgesamt könnten die Meeresströmungen 20-25% des totalen meridionalen Wärmetransports ausmachen.

Vertikalaufbau der Atmosphäre

Da das meiste der anfallenden Sonnenstrahlung, die dazu dient, das System Luft- Erde- Wasser zu erwärmen, am Erdboden absorbiert wird, scheint es vernünftig zu sein zu erwarten, daß im Mittel die Lufttemperaturen in Erdbodennähe am höchsten sind und mit der Höhe abnehmen. Das ist genau, was in der unteren Atmosphäre passiert. Früher hat man gedacht, daß die Temperatur mit der Höhe bis zur Obergrenze der Atmosphäre kontinuierlich abnimmt. Diese Vorstellung wurde mit der Erfindung der Radiosonde, einem ballongetragenen Instrument, das Temperatur, Druck und relative Feuchtigkeit mißt, zu Grabe getragen. Nachfolgend entschleiderten Raketenaufstiege den Temperaturaufbau der Atmosphäre bis in sehr große Höhen.

Bevor wir vertikale Temperaturvariationen besprechen, müssen wir untersuchen, wie sich der Luftdruck mit der Höhe ändert und was der Begriff „Obergrenze der Atmosphäre" bedeutet. Ihre Festlegung ist aufgrund der gasartigen Natur der Atmosphäre etwas willkürlich aber sie kann durch den atmosphärischen Druck definiert werden. Durch die Zustandsgleichung für ideale Gase kann zwischen dem Luftdruck, der Dichte (Masse pro Einheitsvolumen) und der Temperatur ein Zusammenhang hergestellt werden. Wichtig dabei ist, daß der Druck[3] das Gewicht der Luft über einer Einheitsfläche ist. Im Meeresspiegelniveau ist der mittlere Druck der Erdatmosphäre 101325 Newton pro Quadratmeter (Nm^{-2}). Diese Größe wird als *eine Standardatmosphäre* bezeichnet; sie kann in einer Vielzahl von Einheiten ausgedrückt werden. Meteorologen geben den Luftdruck meist in Millibar an. Diese Einheit ist ein Maß für die Kraft pro Flächeneinheit im metrischen System. Der mittlere Luftdruck im Meeresniveau ist 1013.25 mb. Aus Gründen der rechnerischen Vereinfachung wird diese Zahl manchmal abgerundet und als 1000 mb genommen. Da die Masse der Luft über einer horizontalen Fläche mit der Höhe abnimmt, nimmt auch der Luftdruck in nahezu gleicher Weise mit der Höhe ab. In den meisten Fällen kann man die geringen Änderungen der Schwerebeschleunigung mit der Höhe außer acht lassen. Tab. 1-4 und Abb. 1-7 zeigen, daß die 500 mb-Fläche, die die Masse der Atmosphäre etwa halbiert, sich in einer mittleren Höhe von ca. 5600 m befindet.

Tabelle 1-4   Atmosphärischer Druck als Funktion der Höhe

Druck (mb)	Prozent des Drucks in Meereshöhe	Höhe (km)
1.000. (rund)	100.	0
500.	50.	5.6
100.	10.	16.2
10.	1.	31.2
1.	0.1	48.1
0.1	0.01	65.1
0.01	0.001	79.2
0.00003	0.00003	100.0

Tab. 1-4 zeigt ebenfalls, daß sich etwa 99.9 Prozent der Masse der Atmosphäre unterhalb von 50 km und 99.9997 Prozent unterhalb von 100 km befinden. Es gibt noch gasförmige Bestandteile in größeren Höhen, aber in der Tat nur sehr wenige. Meist interessieren sich die Meteorologen für die Eigenschaften und das Verhalten der untersten 30 km der Atmosphäre. Die Werte in Tabelle 1-4 zeigen, daß die Atmosphäre im Verhältnis zum Erdradius von 6400 km eine sehr dünne Schicht darstellt. Abb. 1-7 zeigt den mittleren Temperaturverlauf mit der Höhe. Er wird manchmal auch die Standardatmosphäre genannt. Wie erwartet, nimmt die Temperatur bis zu einer Höhe von etwa 12 km ab, in der sich der Trend plötzlich ändert. Diese Schicht wird die *Tropopause* genannt und sie trennt die untere Schicht *(die Troposphäre)* von der nächst höheren (der *Stratosphäre*).

Die Höhe der Tropopause ändert sich mit der geographischen Breite; ihre mittlere Höhe ist etwa 18 km über dem Äquator und 8 km über den Polen. An jedem Ort bewegt sie sich mit der Passage warmer und kalter Luftmassen auf- und abwärts.

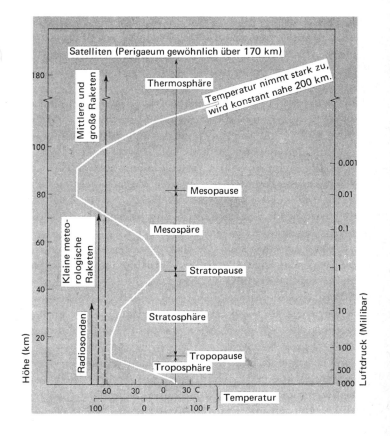

Abb. 1-7 Mittlerer Temperaturaufbau der Erdatmosphäre und Techniken zur Erforschung verschiedener Höhenbereiche. Aus R. S. Quiroz, Bulletin of the American Meteorological Society, 1972, 53: 122-133.

In der Stratosphäre nimmt die Temperatur langsam zu und erreicht in einer Höhe von ungefähr 50 km ein Maximum. Diese Höhe nennt man die *Stratopause*. Die warme Schicht, welche die Stratopause umgibt, kann größtenteils der Absorption des ultravioletten Sonnenlichts durch das Ozon zugeordnet werden. Das meiste des atmosphärischen Ozons findet sich zwischen 10 und 55 km Höhe. Obwohl die Spitzenkonzentrationen in ca. 30 km Höhe auftreten, absorbieren schon geringe Mengen nahe der Obergrenze der Ozonschicht den größten Teil der Ultraviolettstrahlung.

In der *Mesosphäre* nimmt die Temperatur bis zu einer Höhe von etwa 80 km, der *Mesopause*, ab. Darüber findet sich eine 10 km dicke Schicht mit nur geringen Temperaturänderungen. Noch höher, in der Thermosphäre, nimmt die Temperatur wieder zu.

Nahezu alle Wolken und Wettersysteme, die das Leben auf der Erde beeinflussen, treten in der Troposphäre auf. Andererseits können bestimmte atmosphärische Vorgänge in den höheren Luftschichten Druck, Wind und Wettersysteme der unteren Luftschichten entscheidend beeinflussen. In der höheren Atmosphäre treten viele interessante geophysikalische Erscheinungen auf, die jenseits des Themenkreises liegen, den wir in diesem Buch zu behandeln beabsichtigen. Zum Beispiel findet sich oberhalb von etwa 80 km eine Region, die hohe Konzentrationen elektrisch geladener Partikel und Elektronen enthält. Diese Schicht heißt die *Ionosphäre*. Vor dem Zeitalter des Nachrichtensatelliten spielte die Ionosphäre eine einzigartige und bedeutende Rolle für den Langstreckenfunk. Radiowellen einer bestimmten Art „prallten" an der Ionosphäre ab und konnten sich über große Entfernungen hinweg ausbreiten. Diese Technik ist auch heute noch gebräuchlich, aber in geringerem Ausmaß als in der Vergangenheit. Sehr kurzwellige Strahlung von der Sonne verursacht die Ionisation von Stickstoff- und Sauerstoffatomen sowie deren Moleküle, die die Ionosphäre entstehen lassen. Manchmal verursachen Eruptionen auf der Sonnenoberfläche einen Anstieg der kurzwelligen Strahlung und der Ionisation. Das Resultat wird „magnetischer Sturm" genannt. Werden Gase unterhalb von etwa 80 km ionisiert, verursachen sie einen Anstieg in der Radiowellenabsorption. Als Folge davon wird der Langstreckenfunk unterbrochen.

Solare Ausbrüche emittieren ebenfalls eine große Anzahl geladener Partikel, die dem Magnetfeld der Erde folgen. Diese hochenergetischen Teilchen treffen auf Stickstoff und Sauerstoff und regen sie an. Die resultierenden Emissionen produzieren spektakuläre Lichterscheinungen, die wie Bögen, Strahlen und Vorhänge aussehen. Sie werden meist über mittleren und hohen Breiten beobachtet. In der Nordhemisphäre werden sie **Aurora Borealis** (Nordlichter) genannt und in südlichen Breiten **Aurora Australis**.

Perlmuttwolken sind Mitglieder einer auffallend brillianten Wolkenart, die in großen Höhen (25 bis 30 km) auftritt und hauptsächlich in nördlichen Breiten im Winter beobachtet wird. Sie werden Perlmutt-Wolken genannt wegen ihrer schönen perlartigen Farbtönung, die man während des Sonnenuntergangs oder kurz danach sieht. In noch größeren Höhen (75 bis 90 km) werden in sehr seltenen Fällen in mittleren und hohen Breiten **Leuchtende Nachtwolken** beobachtet. Sie können nur im Sommer in der Dämmerung gesehen werden.

Leser, die daran interessiert sind, mehr über diese faszinierenden Phänomene der Hochatmosphäre zu erfahren, werden dazu angeregt, dieses Gebiet in Büchern über die Hochatmosphäre, wie das von Richard Craig, welches im Literaturverzeichnis aufgeführt ist, weiter zu verfolgen.

2 Luftströmungen und Winde

Um Wetter und Klima zu erklären, ist es notwendig, Luftstroemungen und die sie beherrschenden Faktoren zu verstehen. Die Atmosphäre ist ein ruheloses Medium; nahezu nie hört sie auf sich zu bewegen. Manchmal sind die Windgeschwindigkeiten so niedrig, daß Fahnen schlaff von ihren Stangen herabhängen und sich die Schalen eines Anemometers auf dem Dach einer Wetterstation überhaupt nicht drehen. Aber selbst dann würde ein empfindliches Meßsystem irgendeine Luftbewegung feststellen. Am anderen Ende des Windgeschwindigkeitsspektrums findet man Tornados und Wirbelstürme, in denen die Windgeschwindigkeit bis zu 100 m s^{-1} erreichen kann (360 km/h).

Obwohl Luftbewegungen dreidimensional sind, ist es bequemer, die horizontalen und vertikalen Bewegungen getrennt zu untersuchen. Wenn Meteorologen das Wort Wind gebrauchen, meinen sie die horizontalen Geschwindigkeitskomponenten. Die aufsteigenden und absinkenden Bewegungen werden oftmals Aufwärtsströmungen (engl. updrafts) und Abwärtsströmungen (engl. downdrafts) genannt, besonders wenn man Verhältnisse in Wolken mit starken Vertikalgeschwindigkeiten betrachtet.

Vertikalbewegungen

Vertikalbewegungen in der Atmosphäre können auf viele Arten erzeugt werden. Einige sind offenkundig. Zum Beispiel steigt Luft auf, wenn sie sich über ansteigendes Gelände bewegt. Geht die Strömungsrichtung über flach ansteigendes Gelände, wie die westlichen Great Plains in den USA so sind die Aufwärtsbewegungen recht gering, vielleicht 1.0 cm s^{-1}. Wenn die Luft andrerseits gegen ein steiles Gebirgsmassiv weht, kann die Vertikalgeschwindigkeit mehrere Meter pro Sekunde betragen.

Luft wird ebenso über Wetterfronten gehoben. Wie im nächsten Kapitel gezeigt wird, vermischen sich große Massen kalter und warmer Luft nicht leichtin, wenn sie in Berührung geraten.

Vielmehr sinkt die kalte, schwerere Luft keilförmig unter die wärmere, nicht so dichte Luft. Der Übergangsbereich zwischen der warmen und der kalten Luft wird eine Front genannt. Wenn sich die kalte Luft voranbewegt, wird die warme Luft, die durch die kalte verlagert wird, zum Aufsteigen gezwungen.

Die Meteorologen bezeichnen diese anfängliche, durch Terrain oder Frontflächen hervorgerufene Vertikalgeschwindigkeit manchmal als mechanisch induziert. Eine wichtige Überlegung ist es, ob die Luft beschleunigt oder abgebremst wird, nachdem sie einmal begonnen hat, sich vertikal zu bewegen. Die Antwort liefert das zweite Newtonsche Gesetz, das die Kraft in Beziehung zur Beschleunigung setzt. Es kann gezeigt werden, daß die wichtigste Kraft eine Auftriebskraft ist. Einfach ausgedrückt: Wenn ein Luftvolumen wärmer ist als seine Umgebung, steigt es auf, wenn es kälter ist, sinkt es ab. Um exakter zu sein ist es notwendig die Dichte der Luft zu betrachten und nicht nur die Temperatur. Wasserdampf setzt die Dichte der Luft herab, denn das Moleculargewicht von Wasserdampf ist 18 und das von trockener Luft 28.9. Als Resultat folgt daraus, daß die Auftriebskraft umso größer ist, je feuchter die Luft und geringer ihre Dichte ist. Im Allgemeinen haben bei der Bestimmung des Auftriebs eines Luftvolumens Feuchteunterschiede geringere Auswirkungen als Temperaturunterschiede.

Bei der Analyse des Auftriebs von Luft, die Wolken- und Regentropfen sowie Eiskristalle enthält, ist es notwendig zu ermitteln, wie die Massen dieser Partikel die Gesamtdichte eines Einheitsluftvolumens beeinflussen. Flüssigkeits- oder Eispartikel erhöhen die Dichte des Luftvolumens in dem sie sich befinden, denn die Dichten von Wasser und Eis betragen etwa 1 g cm^{-1}, während die Dichte der Luft zwischen 1.2×10^{-3} in Seehöhe und 0.3×10^{-3} g cm^{-3} in 12 km Höhe rangiert.

Die Gesamtmasse von Flüssigkeits- oder Eispartikeln ist klein im Verhältnis zur Luftmasse im selben Volumen. Zum Beispiel hat ein Kubikmeter Luft in ca. zwei Kilometer Höhe eine Masse von 10^3 g während die Masse des darin befindlichen Wassers in flüssiger oder gefrorener Form nahezu immer geringer als 10 g ist.

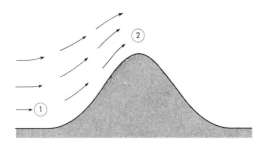

Abb. 2-1 Luft, die sich über einen Hügel bewegt, wird zum Aufsteigen von der Höhe 1 zur Höhe 2 gezwungen.

Nichtsdestoweniger können diese relativ geringen Mengen bedeutende Auswirkungen auf die Auftriebskraft besonders in größeren Höhen haben.

Stellen Sie sich ein Luftvolumen vor, das aufzusteigen beginnt, wenn es über einen Hügel strömt. Falls, nachdem es bis zu einer bestimmten Höhe aufgestiegen ist, seine Dichte geringer ist als die der Umgebungsluft, wird eine aufwärts gerichtete Auftriebskraft auf das Luftvolumen ausgeübt. Als Folge davon wird die schon aufsteigende Luft weiter beschleunigt nach oben bewegt.

Im eben beschriebenen Fall wird die Atmosphäre als labil geschichtet bezeichnet. Dieser Zustand existiert, wenn ein Luftvolumen, das von einer Höhe in eine andere versetzt und freigelassen wurde, sich in der Verschiebungsrichtung beschleunigt weiterbewegt. Wenn die Luft labil geschichtet ist, werden auf- und abwärts gerichtete Bewegungen durch Auftriebskräfte beschleunigt. Unter bestimmten atmosphärischen Bedingungen kommt ein Luftvolumen, nachdem es gehoben wurde, kälter und dichter als die Umgebungsluft in einer größeren Höhe an. In diesem Fall tritt eine abwärts gerichtete Auftriebskraft auf, und das Luftvolumen wird in seine Ausgangslage zurückgetrieben. Unter diesen Bedingungen ist die Atmosphäre stabil geschichtet. Wenn ein angehobenes Luftvolumen in einer neuen Höhe mit der gleichen Dichte und Temperatur wie die umgebende Luft ankommt, treten keine Auftriebskräfte auf. Es bleibt in der neuen Höhe und die Atmosphäre wird als indifferent geschichtet bezeichnet.

Die Wichtigkeit der atmosphärischen Stabilität wird mit Fortschreiten der Diskussion offenkundiger werden. An Tagen mit labil geschichteter Atmosphäre werden aufsteigende Luftvolumen rapide nach oben beschleunigt. Tieffliegende Flugzeuge geraten in Turbulenzen, die durch starke auf- und absteigende Luftströmungen erzeugt werden. Wenn die Luft feucht ist, können sich auftürmende Kumuluswolken bilden, die zu Gewittern führen können. Wenn die Luft stabil geschichtet ist, werden Vertikalbewegungen unterdrückt. Tritt eine solche stabile Schichtung in den unteren hundert Metern der Atmosphäre auf, dann ist die Durchmischung der Luft in Erdbodennähe gering bei darüber liegender sauberer Luft. Gibt es reichhaltige Produzenten von atmosphärischen Schadstoffen, wie Schornsteine und Motorfahrzeuge, so kann die Abwesenheit der vertikalen Durchmischung zu einem gefährlichen Anstieg der Schadstoffkonzentration in der Luft führen. Bekannte Luftverschmutzungskatastrophen wie diejenigen in London (1952) und in Donora (US-Staat Pennsylvania 1948) sind aufgetreten, als stabil geschichtete Luft die Region für mehrere Tage überdeckte.

Vertikale Temperaturgradienten

Der grundlegende Faktor bei der Bestimmung der atmosphärischen Stabilität ist die Rate, mit der sich die Temperatur mit der Höhe ändert. Sie wird als vertikaler Temperaturgradient bezeichnet. Abb. 1-7 zeigt, daß die mittlere Temperaturabnahme in der unteren Atmosphäre 0.65 °C pro 100 Meter Höhenzunahme beträgt. Zu jeder Zeit und an jedem beliebigen Ort kann sie sich davon sehr unterscheiden. An einem heißen Sommertag wäre sie in Erdbodennähe wesentlich größer. Während der Nacht, besonders wenn es wolkenlos ist, nimmt die Temperatur oftmals mit der Höhe zu. Die Schicht, in der dieses Phänomen auftritt, ist als Temperaturinversion bekannt (s. Abb. 2-2).

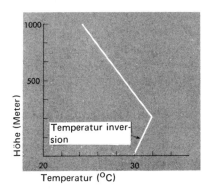

Abb. 2-2 Nachts, wenn der Himmel klar und die Luft trocken ist, bildet sich in Erdbodennähe häufig eine Temperaturinversion.

Temperaturinversionen üben wichtige Einflüsse auf viele atmosphärische Prozesse aus. Wie aus den folgenden Abschnitten ersehen werden kann, stellen sie Schichten ausgeprägter vertikaler Stabilität dar und unterdrücken daher Vertikalbewegungen.

Es gibt verschiedene Erklärungen für die Bildung von Temperaturinversionen. In den untersten Schichten treten Inversionen oft durch Strahlungsabkühlung der Erdoberfläche auf. In klaren, trockenen Regionen beginnt sich der Erdboden abzukühlen, wenn die nach außen gehende Infrarotstrahlung größer wird als die eintreffende, kurzwellige Solarstrahlung. Nach Sonnenuntergang schreitet der Wärmeverlust durch Ausstrahlung rasch fort. Mit zunehmender Abkühlung des Bodens wird Wärme aus den untersten Luftschichten in ihn hineintransportiert und nach außen abgestrahlt.

Das führt zur Abkühlung einer flachen, erdbodennahmen Luftschicht und zur Ausbildung einer Temperaturinversion. In Wüstenregionen, wie in Tucson (US-Staat Arizona), treten erdbodennahe Temperaturinversionen häufig in den frühen Morgenstunden und selten während des warmen Teils des Tages auf (s. Tab. 2-1). Diese Tabelle zeigt, daß sich die Temperaturinversionen im Winter, wenn die Sonne später auf- und früher untergeht, morgens länger behaupten und abends früher ausbilden.

In einigen Fällen halten sich tiefliegende Inversionen für mehrere Tage. Dies tritt gewöhnlich ein, wenn warme Luft über eine kalte Unterlage strömt. Beispielsweise bilden sich Inversionen gerade oberhalb des Erdbodens wenn sich tropische Luft im Winter vom Gold von Mexiko über die Vereinigten Staaten nach Norden bewegt. Ebenso werden Temperaturinversionen häufig erzeugt, wenn warme Luft über kälteres Wasser strömt. Wenn das passiert, verliert die Luft durch Wärmeleitung und kleinräumige turbulente Diffusionsmechanismen Wärme an die darunterliegende Oberfläche. Das Endresultat ist eine beständige Temperaturinversion in den unteren Luftschichten.

Verschiedene Arten von Temperaturinversionen werden ständig in der Atmosphäre beobachtet. In großen Höhen treffen wir auf die Stratosphäre, die dadurch definiert ist, daß in ihr die Temperatur nahezu konstant ist oder mit der Höhe zunimmt (Abb. 1-7). Durch ihre ausgeprägte stabile Schichtung setzt sie dem Wachstum gigantischer Gewitter Grenzen. Kräftige Aufwärtsströmungen durchdringen manchmal die Tropopause mit Vertikalgeschwindigkeiten, die 50 m s^{-1} überschreiten können, aber sie werden durch die negativen Auftriebskräfte der stabil geschichteten Stratosphärenluft rasch abgebremst.

Tabelle 2-1 Prozentuale Häufigkeit von Temperaturinversionen unterhalb von 150 m in Tucson, Arizona

| | Zeit — Mountain Standard Time | | | |
	5^{00}h	8^{00}h	17^{00}h	20^{00}h
Winter	89	83	21	65
Sommer	74	15	4	19

Quelle: Hosler, C. R. Low — Level Inversion Frequency in the Contiguous United States.
Monthly Weather Review, 1961, Vol. 89, 319-339

Da Gewitter und andere Niederschlagssysteme nicht merkbar in die Stratosphäre hineinreichen und die stabile Schichtung Mischung zwischen der Stratosphäre und der Troposphäre unterdrückt, verbleiben durch Vulkanausbrüche, Atomexplosionen oder Flugzeuge in die Stratosphäre gebrachte Schadstoffe lange Zeit in ihr. Tab. 2-2 zeigt die geschätzte Verweilzeit partikelhafter Schmutzstoffe in verschiedenen Schichten der Atmosphäre.

Den Ausbrüchen großer Vulkane folgend — wie des Krakataus (1883) und des Agung im Jahre 1963 — gelangten große Mengen von Staubteilchen in die Stratosphäre. Sie verursachten einen Anstieg in der Gesamttrübung der Atmosphäre, wie in Abbildung 1-2 gezeigt wurde. Die Partikel wurden nur sehr langsam aus der Stratosphäre entfernt.

Temperaturinversionen treten in der ganzen Troposphäre häufig auf. Wie zu erwarten, ist die Frontalzone, die kalte Luft unter einer Front von wärmerer darüber trennt, im allgemeinen eine isothermische oder eine Inversionsschicht. Die stabile Schichtung der Frontalzone wirkt der Mischung von warmer und kalter Luft entgegen und dient dazu, bei der Entwicklung und Bewegung eines Wettersystems die Front aufrechtzuerhalten.

Tabelle 2-2 Verweilzeit von Schmutzteilchen in der Atmosphäre

Schicht	Verweilzeit
Untere Troposphäre	1 - 3 Wochen
Obere Troposphäre	2 - 4 Wochen
Untere Stratosphäre	6 - 12 Monate
Obere Stratosphäre	3 - 5 Jahre

Man's Impact on the Global Environment, Report at the Study of Critical Environment Problems (SCEP). M.I.T. Press, 1970

Viele Inversionen der unteren Atmosphäre sind auf absinkende Luft zurückzuführen. Wenn ein Luftvolumen absinkt, gelangt es in eine geringe Höhe, in der der Druck höher ist. Der höhere Druck bewirkt, daß die Luft komprimiert wird, und dieser Prozeß läßt die Temperatur der sinkenden Luft anzeigen. Über diesen Vorgang wird im nächsten Abschnitt mehr gesagt werden. In einigen Fällen verläuft der Absinkvorgang bis zu einer bestimmten Höhe, in der die Luft sich dann horizontal ausbreitet. In dieser Schicht, die die obere Region der absinkenden Luft von der unteren mit nahezu fehlenden Vertikalbewegungen trennt, wird sehr häufig eine Temperaturinversion beobachtet.

Absinkinversionen werden häufig in Gebieten mit hohem Luftdruck gefunden, denn diese sind, wie später gesehen wird, durch absinkende Luft charakterisiert. Das Absinken wirkt auch der Wolkenbildung entgegen. Infolgedessen beobachtet man in Hochdruckgebieten während der Nacht oftmals eine Strahlungsinversion in Erdbodennähe und gleichzeitig eine Absinkinversion in größerer Höhe darüber (Abb. 2-3).

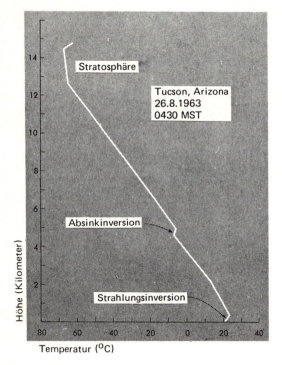

Abb. 2-3 Gelegentlich tritt während der Nacht eine Absinkinversion in der Höhe und eine Strahlungsinversion in Erdbodennähe auf.

Über den weiten Gebieten der semipermanenten Hochdruckzonen der niederen Breiten sind Temperaturinversionen normaler Bestandteil der atmosphärischen Struktur. Insbesondere über den Ozeanen trennen sie eine feuchte Luftschicht in Meereshöhe von einer Schicht trockener Luft oberhalb der Inversion.

Die im östlichen Nordpazifik dominierende Hochdruckzone dehnt sich bis über Südkalifornien hinweg aus, was den dort vorherrschenden Sonnenschein erklärt. Darauf ist auch eine beständige Absinkinversion in einer Höhe von etwa 700 Metern auf sie zurückzuführen. Unterhalb der Inversion konzentrieren sich die Abgasstoffe von Motorfahrzeugen und der Industrie und führen in Los Angeles zu dem berühmten Smog.

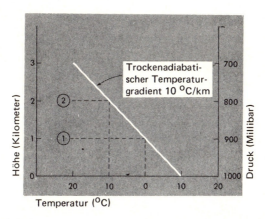

Abb. 2-4 Aufsteigende, trockene Luft kühlt sich mit der adiabatischen Rate von 1 °C pro 100 Meter Höhenzunahme ab.

Der adiabatische Temperaturgradient

Der Grund, weshalb die Stabilität einer Schichtung von der vertikalen Temperaturabnahme abhängt, wird deutlich, wenn man untersucht, was mit einem Luftvolumen passiert, das in der Atmosphäre aufsteigt oder absinkt. Betrachten wir ein kleines Luftvolumen, das wir ein Luftpaket nennen werden. Wenn es sich, wie in Abb. 2-4 gezeigt wird, von der Höhe 1 zur Höhe 2 bewegt, gerät es in einen Bereich geringeren Druckes. Während dieses Vorganges dehnt sich das Luftpaket aus, bis sein Innendruck dem Druck der Umgebung gleicht. Der Ausdehnungsprozeß erfordert die Leistung von Arbeit und die Energie dafür wird durch Wärme geliefert, die dem Luftvolumen entzogen wurde. Energie in der Form von Wärme wird in eine andere Energieform umgewandelt. Die Temperatur des aufsteigenden Luftpaketes sinkt, obwohl keine Wärme von der sich ausdehnenden Luft wegtransportiert wurde. Dies wird adiabatische Abkühlung genannt. In der Erdatmosphäre ist die adiabatische Abkühlungsrate trockener Luft 1°C pro 100 Meter Höhenzuwachs. Ein absinkendes Paket trockener Luft erwärmt sich um 1°C pro 100 Meter. Bei der Bewegung auf höheres Druckniveau tritt Kompression auf und Arbeit wird in Wärme umgewandelt, die einen Anstieg der Lufttemperatur verursacht.

Kennt man den adiabatischen und den atmosphärischen Temperaturgradienten, so ist es einfach festzustellen, ob die Atmosphäre labil oder stabil geschichtet ist. Dieser Gedanke wird in Abb. 2-5 veranschaulicht. Man sieht, daß die Atmosphäre labil geschichtet ist, wenn der Temperaturgradient der Umgebung größer ist als

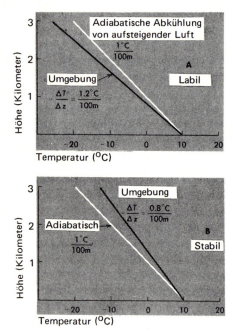

Abb. 2-5 Wenn der Temperaturgradient $\Delta T/\Delta z$ der Umgebung 1°C/100 m (die adiabatische Rate) übersteigt, bleibt die aufsteigende Luft wärmer als die Umgebung und ist labil. Ist $\Delta T/\Delta z$ kleiner als 1°C/100 m, so ist die Atmosphäre stabil geschichtet. Die Abbildung gibt Beispiele mit Werten von $\Delta T/\Delta z$.

der adiabatische, denn ein aufsteigendes Luftelement ist wärmer als seine Umgebung. Die nach oben gerichtete Auftriebskraft bewirkt, daß sich die Luft beschleunigt nach oben bewegt.

Ist der Temperaturgradient der Umgebung kleiner als der adiabatische Gradient, dann ist die Atmosphäre stabil. Dies ist insbesondere der Fall, wenn eine Temperaturinversion existiert. Wenn der Temperaturgradient der Umgebung genau $1°/100$ m beträgt, ist die Atmosphäre indifferent. Ein aufsteigendes oder absinkendes Luftvolumen wird immer die gleiche Temperatur wie seine Umgebung haben.

In diesem Abschnitt haben wir nur konvektive Bewegungen unter der Annahme betrachtet, daß die Luft „trocken" ist. Das bedeutet nicht, daß die Luft keinen Wasserdampf enthält, sondern vielmehr, daß es keine Kondensation oder Verdunstung gegeben hat.

Vertikalbewegungen feuchter Luft

Wie bereits gesagt, dehnt aufsteigende Luft sich aus und kühlt sich ab. Dabei steigt die relative Feuchte der Luft an. Diese Größe kann auf verschiedene Weise definiert werden. Beispielsweise kann sie in Prozent angegeben werden durch: In der Luft enthaltener Wasserdampf dividiert durch die maximale Wasserdampfmasse, die die Luft bei gleicher Temperatur halten kann. Eine andere Definition der relativen Feuchte ist: Wasserdampfdruck der Luft dividiert durch den Sättigungsdampfdruck bei gleicher Temperatur. Wenn die Lufttemperatur abnimmt, wird der Nenner des Bruches kleiner und die relative Feuchte größer (Abb. 2-6).

Falls aufsteigende Luft genügend feucht ist, könnte ein Aufsteigen von nur wenigen hundert Metern die relative Feuchte 100 Prozent erreichen lassen. Wenn die Luft trocken ist, müßte sie unter Umständen mehrere Kilometer aufsteigen, bevor sie gesättigt wäre. Wenn sie es ist, setzt Kondensation ein, und die Bildung von Wolken beginnt. Während dieses Vorganges wird Verdampfungswärme freigesetzt, die die Luft erwärmt. Wie in Kapitel 1 gesagt wurde, beträgt die Verdampfungswärme etwa 600 Kalorien pro Gramm kondensierten Wassers.

Bevor Kondensation einsetzt, kühlt sich das aufsteigende Luftvolumen mit der adiabatischen Rate ab (Abb. 2-7). Nachdem Kondensation und Wolkenbildung begonnen haben, macht die der Luft zugeführte latente Wärme die durch Ausdehnung erzeugte Abkühlung teilweise wieder wett. Das Resultat ist, daß weiteres Aufsteigen zu einer langsameren Abkühlung führt, als $1°/100$ m

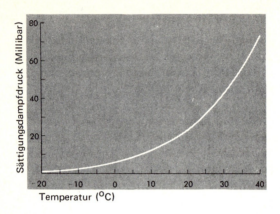

Abb. 2-6 Der Sättigungsdampfdruck als Funktion der Temperatur.

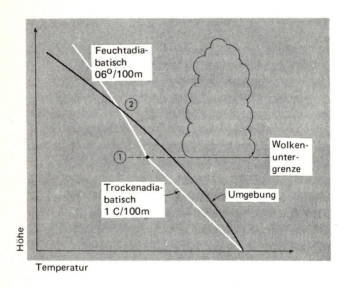

Abb. 2-7 Änderungen der Temperatur eines aufsteigenden Volumens feuchter Luft.

was der adiabatische Rate entspricht. Wenn Kondensation eintritt, kühlt sich das aufsteigende Luftvolumen mit der feuchtadiabatischen Rate ab, die mit Temperatur und Druck variiert, im unteren Teil der Atmosphäre aber ungefähr 0.6°C/100 m beträgt.

Im Beispiel in Abb. 2-7 ist die Atmosphäre für trockene Luft stabil geschichtet. Wenn ein Luftvolumen zum Aufsteigen vom Erdboden bis zum Punkt 1 gezwungen wird, wird es fortschreitend kälter und dichter im Verhältnis zur umgebenden Luft. Im Niveau 1 setzt Kondensation ein und die aufsteigende Luft kühlt sich mit der feuchtadiabatischen Rate ab. Zwischen den Niveaus 1 und 2 wird auf die Luft weiterhin eine nach unten gerichtete Auftriebskraft ausgeübt, und damit sie weiter aufsteigen kann, ist es noch notwendig, daß eine „mechanische Kraft" auf sie ausgeübt wird. Oberhalb des Niveaus 2 findet sich das aufsteigende Luftvolumen jedoch in einer labilen Umgebung; es ist wärmer und nicht so dicht wie seine Umgebung. Die resultierende, nach oben gerichtete Auftriebskraft verursacht eine entsprechende Beschleunigung der Wolkenluft. Andauernde Konvektion könnte zur Bildung von aufgetrümten Konvektionswolken und möglicherweise zum Wachstum von Gewittern führen, die starke Auf- und Abwärtsströmungen aufweisen. Zu diesem Thema wird in einem späteren Kapitel mehr gesagt werden.

Horizontale Luftströmungen — die Winde

Luft kann als eine Flüssigkeit angesehen und ihre Bewegungen können in der Weise studiert werden wie die Bewegungen anderer Flüssigkeiten — wie die des Wassers der Ozeane zum Beispiel. Dazu muß man die auf jedes beliebige Luftvolumen einwirkenden Kräfte kennen. Die Nettokraft F errechnet sich aus dem Produkt der Masse m und der Beschleunigung a der Luft nach dem zweiten Newtonschen Bewegungsgesetz zu F = m a.

Wäre die Erde eben und ruhend, würde die Bewegung der Luft nur durch Druck — und Reibungskräfte bestimmt werden. Wir werden diese Kräfte getrennt betrachten.

Wie früher gesagt wurde, ist der Luftdruck das Gewicht der Luft, die sich über einer Einheitsfläche in einer Säule bis zur Obergrenze der Atmosphäre erstreckt. Das Gewicht hängt von der Dichte der Luft in der Säule ab, und die Dichte ihrerseits hängt von der Lufttemperatur und in geringerem Ausmaße von der Luftfeuchtigkeit ab. Da die Dichte der Luft in der Säule variiert, tut es der Druck an ihrer Untergrenze ebenfalls. Sind der Druck am Erdboden und die Verteilungen von Temperatur und Feuchte mit der Höhe bekannt, so kann der Druck in einer beliebigen Höhe mit gutem Näherungsgrad mit der **Hydrostatischen Grundgleichung** berechnet werden[5] [(4)].

Sie sagt aus, daß der Druckunterschied zwischen irgendeiner Höhe z_1 und einer größeren Höhe z_2 das Gewicht der Luft ist, die sich in einer Säule mit Einheitsquerschnitt zwischen z_1 und z_2 befindet. Zieht man eine Folge von Höhenschichten heran, so kann der Druck in fortlaufend größeren Höhen berechnet werden.

Der Luftdruck ist in jeder Höhe zeitlich und räumlich variabel. Jede Wetterkarte zeigt Regionen mit hohem Luftdruck und Regionen mit tiefem Luftdruck. Um diese Regionen zu erklären, ist es notwendig, die gesamte Luftsäule über diesen Regionen zu untersuchen. Beispielsweise gibt es Tiefdruckgebiete mit kalter Luft in Erdbodennähe. Würde die gesamte Atmosphäre untersucht, so würde man jedoch feststellen, daß die Luftdichte über dem Tiefdruckgebiet im Mittel geringer ist als die der umgebenden Gebiete.

Wenn der Druck von Ort zu Ort unterschiedlich ist, wird auf die Luft eine Druckkraft ausgeübt (Abb. 2-8). Sie ist vom hohen zum tiefen Druck gerichtet und einer Größe proportional, die der **Druckgradient** genannt wird und die Druckänderungsrate mit der Entfernung mißt. Auf einer Wetterkarte kann das Druckfeld durch **Isobaren** − Linien, entlang denen der Druck gleich ist − dargestellt werden. Wenn die Druckdifferenz zwischen zwei Punkten P_1 und P_2 − gemessen entlang einer Linie, die senkrecht zu den Isobaren verläuft − durch den Abstand von P_1 und P_2 dividiert wird, erhält man den Druckgradienten. Je enger die Isobaren verlaufen, desto größer ist die Druckgradientkraft.

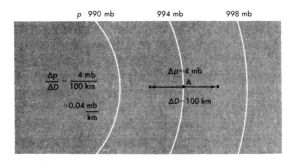

Abb. 2-8 Die Druckkraft nimmt zu, wenn der Druckgradient zunimmt. In diesem Beispiel ist der Druckgradient im Punkt A 0.04 mb km^{-1}.

Reibungskräfte kommen in der Atmosphäre ins Spiel, wenn die Luft anfängt, sich zu bewegen. Sie schließen sowohl Reibungseffekte am Erdboden als auch Stresse zwischen sich langsam und schnell bewegender Luft mit ein. Reibungskräfte wirken der Bewegungsrichtung entgegen und führen zu einer Reduzierung der Windgeschwindigkeit.

Auf einer hypothetischen ruhenden, flachen Oberfläche würde sich die Beschleunigung der Luft aus der Summe von Druck und Reibungskräften berechnen und könnte dazu verwendet werden, Bewegungsfelder zu erhalten. Tatsächlich wird aber die Aufgabe, Bewegungen in der Atmosphäre zu spezifizieren dadurch kompliziert, daß die Erde nahezu sphärisch ist und sich einmal in 24 Stunden um sich selbst dreht.

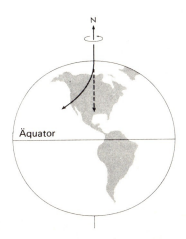

Abb. 2-9 Für einen Beobachter auf der Erde scheint sich ein am Nordpol abgefeuertes Geschoß nach rechts zu bewegen, wie es die durchgezogene Linie zeigt. Vom Weltall aus gesehen würde das Geschoß der gestrichelten Linie folgen, während sich die Erde unter ihm wegdrehte.

Die Hauptschwierigkeit rührt von der Art und Weise her, mit der wir Luftbewegungen fühlen und messen. Luftbewegungen werden in einem Koodinatensystem dargestellt, das mit einer rotierenden, sphärischen Erde verbunden ist. Das wird aus dem offenkundigen Grunde getan, weil wir auf diesem Planeten leben.

Dem Effekt der Erdrotation wird von den Meteorologen gewöhnlich durch die Einführung eines Konzeptes Rechnung getragen, das „Corioliskraft" heißt.

Im Gegensatz zu dem in vielen Büchern gegebenen Eindruck ist es ein kompliziertes Konzept und schwierig, kurz und einfach zu erklären. Eine gewisse Vorstellung von dem, was geschieht wird durch das bekannte Beispiel eines Geschosses gegeben, das vom Nordpol aus nach Süden abgeschlossen wird. Ein Beobachter im Raum sieht, wie es sich entlang einer geraden Linie bewegt. Andrerseits dreht sich die Erde während seines nach Süden gerichteten Fluges von West nach Ost unter seiner Trajektorie weg. Das Geschoß trifft an einem Punkt am Erdboden auf, der westlich von der direkten Abschußrichtung liegt. Für einen Beobachter auf der Erde hat es den Anschein, daß das Geschoß einer nach Westen gebogenen Trajektorie folgt. Es scheint, als ob eine Kraft auf das Geschoß eingewirkt und es nach Westen abgelenkt hat.

Falls ein Luftpaket am Nordpol unter der Wirkung eines Druckgradienten gezwungen wäre sich nach Süden zu bewegen, würde es ebenso wie das Geschoß einer Rechtsablenkung unterliegen. Wenn man die Bewegungsgleichung der Luft niederschreibt, wird diesem Effekt der Erdrotation durch die Hinzunahme eines Corioliskraftterms Rechnung getragen. Von der eine Rechtsablenkung verursachenden scheinbaren Kraft kann gezeigt werden, daß sie unabhängig von der Bewegungsrichtung der Luft wirkt, sich aber mit dem Sinus der geographischen Breite ändert,

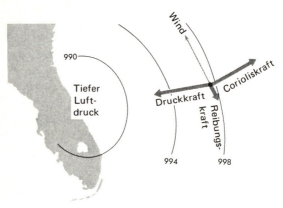

Abb. 2-10 Auf ein Luftvolumen wirken die realen Kräfte hervorgerufen durch Druckdifferenzen und Reibung sowie die scheinbare Corioliskraft. Der Überschuß der Druckkraft über die Corioliskraft erklärt die nahezu parallel zu den Isobaren wehenden Winde, die aber eine kleine Abweichung in Richtung auf den tiefen Druck hin aufweisen.

an den Polen maximal ist und Null am Äquator. In der Südhemisphäre wirkt die Corioliskraft entlang der Windrichtung gesehen nach links. Die Nettoeffekte der realen Druck- und Reibungskräfte und der scheinbaren Corioliskraft sind in Abb. 2–10 dargestellt.

In Höhen von etwa einem Kilometer an aufwärts, in denen Reibungskräfte klein sind, tendiert der Wind dazu, nahezu parallel zu den Isobaren zu wehen, wobei in der Nordhemisphäre der tiefe Luftdruck zur linken liegt, in Strömungsrichtung gesehen. Dies ist als das Buys-Ballotsche Gesetz bekannt. In der Südhemisphäre kehrt sich die Beziehung um. Nimmt man an, daß die Reibungskräfte Null sind, und die Druckkraft genau durch die Corioliskraft balanziert wird, dann nennt man den Wind *Geostrophisch* und er weht parallel zu den Isobaren. Reibungseffekte, die in der Nähe der Erdoberfläche am größten sind, setzen die Windgeschwindigkeit herab und erzeugen eine Ablenkung des Windes quer zu den Isobaren auf den tiefen Druck hin. Als Resultat strömt die Luft in Erdbodennähe in einem Tiefdruckzentrum zusammen und auseinander in einem Zentrum hohen Luftdruckes.

Lokale Windsysteme

Die im vorangegangenen Abschnitt besprochenen Beziehungen können viele der in den täglichen Wetterkarten zu sehenden Windfelder erklären, besonders diejenigen in den Karten der höheren Atmosphäre. Diese Karten beruhen auf Beobachtungen von Grössen wie Druck, Temperatur und Wind an Stationen, die mehrere hundert Kilometer voneinander entfernt liegen.

Es gibt viele Arten von lokalen Windzirkulationen, die auf der Grundlage dieser Standardbeobachtungen schwierig zu erklären sind. Sie treten aufgrund von Eigenheiten in der Topographie auf, deren Effekte durch das weitmaschige Wetterstationsnetz oftmals nicht erfaßt werden. Dafür können einige Beispiele gegeben werden.

Entlang von Küstenlinien beobachtet man an Sommernachmittagen häufig Seewinde (Abb. 2–11). Sie treten auf, weil die Sonnenstrahlen die Temperatur des Landes und der gerade darüber liegenden Luft stärker ansteigen lassen, als die Temperatur der gerade über dem Wasser liegenden Luft. Als Ergebnis entwickelt sich in geringen Höhen ein Druckgradient vom Wasser zum Land. Kühle Luft vom Wasser bewegt sich über das Land, und an der Küste beobachtet man Seewind. Über dem Land steigt die Luft auf, bewegt sich in der Höhe auf die See hinaus und sinkt über ihr in der Form einer Konvektionszelle ab.

Abends kühlt sich das Land schneller ab als das Wasser und die Seewindzirkulation kehrt sich manchmal um. Wenn das eintritt, entwickelt sich ein leichter Wind vom Land aufs Wasser hinaus, der Landwind genannt wird.

In gebirgigen Gebieten, besonders in Wüstenregionen, findet man häufig Zirkulationen, die als Berg- und Talwinde bekannt sind. Während des Tages erwärmen die Sonnenstrahlen die Luft über den Berghängen. Während die Luft sich erwärmt, erhält sie Auftrieb und strömt am Abhang nach oben, d.h. talaufwärts. Nachts wird Wärme in den Raum abgestrahlt, die Luft kühlt sich ab, ihre Dichte nimmt zu, und sie strömt als Bergwind den Abhang hinunter. Wenn der Himmel klar und die Luft trocken ist, können Strahlungserwärmung und -abkühlung bei der Erzeugung von Berg- und Talwinden sehr effektiv sein. Zum Beispiel weht der Wind in Tucson (US-Staat Arizona), wo diese Bedingungen vorherrschen, nachmittags in 50 Prozent der Fälle aus Nordwest, hangaufwärts. Während der Morgenstunden weht er an 80 Prozent aller Tage aus Südost, hangabwärts. Es ist offensichtlich, daß die Natur vieler lokaler Windsysteme größtenteils von Wechselwirkungen zwischen der Atmosphäre und der darunterliegenden Erdoberfläche bestimmt wird.

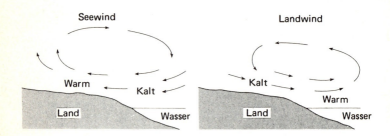

Abb. 2-11 Land- und Seewindzirkulation

Die Temperatur der unteren Luftschichten hängt davon ab, ob die Oberfläche Land oder Wasser ist, darüber hinaus hängt sie sehr wesentlich von den Eigenschaften der Land – oder Wassermasse ab. Beispielsweise ist die Temperatur über einem hellen, feuchten Sand niedriger als über trockenem, dunklem Oedland. Der Sand würde das Sonnenlicht stärker reflektieren als die dunkle Erde.

Außerdem würde ein Teil der Sonnenenergie zur Verdunstung des Wassers verwendet werden, was weniger Energie übrig liesse, um die Temperatur des Sandes ansteigen zu lassen.

Einige ungewöhnliche Lokalzirkulationen können nicht ausschließlich durch Betrachtung der lokalen Eigenschaften von Erde und Atmosphäre erklärt werden. Sie sind eine Folge der Wechselwirkungen zwischen lokalen Effekten und bestimmten Phänomenem der übergeordneten, großräumigen Zirkulation. Die trockenen und warmen *Föhnwinde* entstehen auf diese Weise. Sie werden häufig am Nordabfall der Alpen beobachtet, aber sie sind genau so häufig auf der Ostseite der Rocky Mountains, besonders in den Staaten Wyoming und Montana, wo man sie gewöhnlich *Chinooks* nennt. Sie können an jedem Gebirgszug auftreten, falls die entsprechenden Bedingungen vorhanden sind.

Föhnwinde werden durch die Bewegung eines Tiefzentrums in der Höhe eingeleitet. Ein Tiefdrucktrog bildet sich auf der Leeseite des Gebirgszuges. Wenn das Höhentiefzentrum über den Gebirgsrücken wandert, entwickeln sich starke Hangabwinde auf der Leeseite des Gebirges. Die absinkende Luft, abwärts gesogen durch die Druckgradientkräfte in Bodennähe, wird durch adiabatische Kompression erwärmt. Das führt unter anderem zu einer Verringerung der relativen Feuchte. Die Folge davon ist, daß Föhnwinde heiß und trocken sind.

Da die Föhne viel kältere Luft ersetzen, kann es zu plötzlicher, intensiver Erwärmung kommen. In einem Fall wurde berichtet, daß in Havre (US-Staat Montana) die Temperatur durch einen Chinock in drei Minuten von -11.7° auf 5.6° C gestiegen ist. Temperaturanstiege von 10–20° in 15 Minuten sind nicht ungewöhnlich.

Die hohen Temperaturen, verbunden mit geringer Feuchte, können zu schneller Schneeabschmelzung und Verdunstung des Schnees führen. Es wurde berichtet, daß in einem starken Chinook 30 cm Schnee innerhalb weniger Stunden verschwinden können.

Es gibt viele andere Beispiele von lokalen Windsystemen, die als Resultat der Wechselwirkung atmosphärischer Systeme mit Land und Wasser entstehen. Ein bekanntes großmaßstäbliches Beispiel von großer Bedeutung im Leben ganzer Nationen ist der *Monsun*. Allein in Indien können Änderungen im Charakter des Sommer-Monsuns für Millionen Menschen die Entscheidung zwischen Leben und Tod bedeuten. Einige Charakteristiken des Monsuns werden im nächsten Kapitel kurz dargestellt.

3 Grundzüge der planetarischen Zirkulation

Die Atmosphäre wird manchmal als Wärmekraftmaschine bezeichnet, da sie ein System ist, das Wärmeenergie aufnimmt, sie teilweise in kinetische Energie umwandelt und dabei Arbeit verrichtet. Nur ein geringer Bruchteil der eintreffenden Sonnenstrahlung wird in die kinetische Energie der Luftströmungen umgewandelt. Von den etwa 10^{14}kW an Energie, die von der Sonne aufgenommen werden, werden etwa $2*10^{12}$kW in kinetische Energie umgewandelt. Die atmosphärische Wärmekraftmaschine hat demzufolge nur einen Wirkungsgrad von zwei Prozent. Das macht sie zu einer sehr ineffizienten Maschine; aber nichtsdestoweniger ist der verfügbare Vorrat an kinetischer Energie in den Winden immer noch groß genug, um alle menschlichen Energiequellen dagegen zwergenhaft erscheinen zu lassen.

Wenn man die Luftströmungsfelder in der Erdatmosphäre beobachtet, ist es wichtig zu bedenken, daß es viele Größenordnungsstufen (engl. scales) der Strömung gibt. In der untersten Stufe gibt es beispielsweise Windböen, deren Dimension in Zentimetern und deren Dauer in Sekunden gemessen wird. Wirbelnde ,,dust devils''* in der Wüste haben Durchmesser von Metern und Lebenszeiten von Minuten. Böenwalzen in Gewittern bedecken Gebiete, von mehreren Kilometern Durchmesser und können mehrere Stunden andauern. Die Zyklonen und Antizyklonen, die später besprochen werden sollen, haben Dimensionen von Hunderten bis zu mehreren Tausend Kilometern und halten sich tagelang.

Die höchste Stufe der atmosphärischen Strömungen sind die planetarischen Wellen, die sich über große Teile des ganzen Planeten erstrecken. Sie sind Teil der allgemeinen Zirkulation der Atmosphäre.

Um Wetter und Klima zu verstehen, ist es notwendig, die Charakteristiken der allgemeinen Zirkulation zu erkennen, ebenso wie die Faktoren, die sie beherrschen und ihre Wechselwirkung mit Zirkulationen kleinerer Größenordnungsstufe.

Beschreibung der allgemeinen Zirkulation

Wenn man sich eine Serie von Wetterkarten anschaut, die die Druck- und Windverteilungen auf der Erde zeigen, wird man herausfinden, daß sich die Verteilungen ständig ändern, da der Druck in einigen Gebieten steigt und in anderen fällt. Zentren hohen und tiefen Luftdruckes können sich während eines halben Tages in ausgeprägter Weise abschwächen oder verstärken. Im Laufe weniger Tage verschwinden diese Zentren und neue bilden sich. Eine gelegentliche Betrachtung könnte zu dem Eindruck führen, daß es sich um eine zufällige Serie von Ereignissen handelt, zwischen denen kein räumlicher und zeitlicher Zusammenhang besteht. Diese Vorstellung befindet sich jedoch nicht in Übereinstimmung mit dem Verhalten der Atmosphäre. Gewisse Besonderheiten der allgemeinen Zirkulation stellen sich aufgrund ihrer beständigen Natur klar heraus, wenn Wetterkarten über viele Jahre hinweg gemittelt werden. Eine idealisierte Version der Windstruktur auf der Erde ist in Abbildung 3−1 gezeigt. Als Folge der Druckkräfte, die mit dem Hochdruckgürtel in der Breite von 30° N verbunden sind, treten in den niedrigen Breiten beständige **Nordostpassate** auf. In mittleren Breiten beobachtet man die vorherrschenden Westwinde und in noch höheren Breiten einen weiteren Ostwindgürtel. In der Südhemisphäre gibt es eine ähnliche Windverteilung.

Im Mittel steigt die Luft in Gebieten tiefen Luftdrucks auf und geht mit Wolken und Niederschlägen einher. Es ist nicht überraschend festzustellen, daß in äquatorialen Gebieten, wo die Passate konvergieren, die Luft im allgemeinen aufsteigt. Da sie oftmals recht feucht ist, führt das zu heftigen Regenfällen. Die Region, in der die Passate aufeinandertreffen, heißt **Innertropische Konvergenzzone** (engl. „intertropical convergence zone" (ITC) oder die **äquatoriale Tiefdruckrinne**. In diesem Gebiet sind die Bodenwinde im allgemeinen schwach, und aus diesem Grund wurde es vor vielen Jahren die **Kalmen** genannt. Im Mittel steigt die Luft über der ITC auf, bewegt sich polwärts und sinkt in den Gebieten mit höherem Luftdruck in den Subtropen ab. Diese Zirkulation ähnelt einer gigantischen Konvektionszelle. Die absinkende Luft in den Hochdruckgebieten verhindert die Wolkenbildung. Längere Andauer solcher Bedingungen führt zu dem exzessiv trockenem Wetter, das in den Wüsten vorherrscht. Eine Untersuchung klimatologischer Karten (s. Kap. 7) zeigt, daß die Wüsten der Erde meist unter den Hochdruckgebieten zu finden sind, die sich bandförmig um den 30. Breitenkreis in beiden Hemisphären anordnen.

In der Nähe der Zentren der Hochdruckgürtel sind die Winde schwach. Im Zeitalter der Segelschiffe fielen die Schiffe manches Mal für lange Zeit einer Flaute zum Opfer. Diese Region wurde die **Roßbreiten** genannt, vermutlich, weil Pferde über Bord geworfen werden mußten, wenn der Vorrat an Lebensmitteln und Wasser zur Neige ging.

Das Bild der allgemeinen Zirkulation ist in Abb. 3−1 stark vereinfacht, aber es reicht, um die grundlegenden Züge der globalen

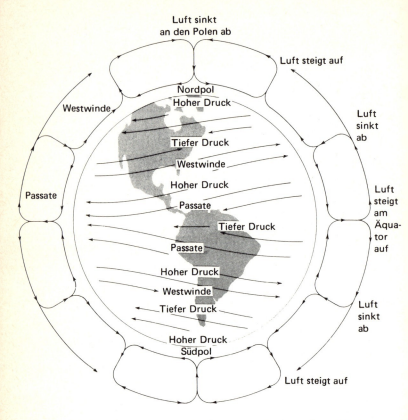

Abb. 3-1 Vereinfachte, schematische Darstellung der allgemeinen Zirkulation der Atmosphäre.

Druck- und Windverteilung zu verdeutlichen. Realistischere Bilder von Teilstücken der allgemeinen Zirkulation sind in Abb. 3−2 a und 3−2 b gegeben. Sie zeigen die mittlere Druck- und Windverteilung für Januar und Juli. Einige Ähnlichkeiten mit der schematischen Darstellung in Abb. 3−1 sind offenkundig. Diese Karten zeigen auch einige Besonderheiten, die aus dem vereinfachtem Schema nicht zu ersehen sind. Die Gürtel hohen und tiefen Luftdruckes laufen nicht durchgehend um die Erde herum. Vielmehr gibt es ausgesprochene Zentren auf geographisch bevorzugten Positionen.

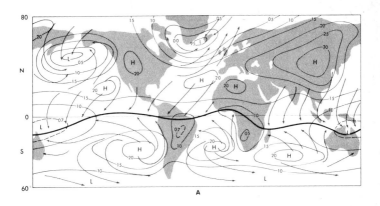

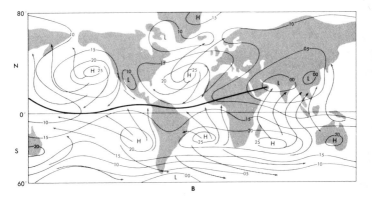

Abb. 3-2 Mittlerer Wind und Druck in Meereshöhe über der Erde für (A) Januar und (B) Juli (in Millibar minus 1000 mb). Die stark durchgezogene Linie ist die innertropische Konvergenzzone. Aus Introduction to the Atmosphere von Herbert Riehl. Mit Genehmigung der McGraw-Hill Book Company.

In der Sommerhemisphäre sind die kontinentalen Gebiete wärmer als die ozeanischen (siehe Karten in Abb. 7–2). Die Sonnenenergie wird in einer relativ dünnen Erd- und Gesteinsschicht absorbiert und verteilt. Darüberhinaus sind die spezifischen Wärmen und Wärmekapazitäten dieser Substanzen kleiner als die des Wassers (Tab. 3–1). Dies bedeutet, daß eine gegebene Wärmemenge die Temperatur einer Einheitsmasse von Land stärker steigen läßt als die der gleichen Menge Wassers. Noch wichtiger ist, daß die eintreffende Solarstrahlung bis zu vielen Metern Tiefe in das Wasser eindringt und die Wärmeenergie durch horizontale und vertikale Mischung in einer großen Wassermenge verteilt wird.

Tabelle 3-1 Thermische Eigenschaften verschiedener Substanzen. (Aus: R.J. List, Smithonian Meteorological Tables, sechste Ausgabe, 1958)

Substanz	Dichte (g cm^{-3})	Spezifische Wärme (cal gm^{-1} °C^{-1})	Wärmekapazität* (cal cm^{-3} °C^{-1})
Luft (p = 1000 mb; T = 0° C)	0.0013	1.00	0.0013
Quartzsand (mittelfein, trocken)	1.65	0.79	1.30
Eis (T=0°C)	0.92	2.09	1.92
Granit	2.7	0.79	2.13
Sandiger Lehm (15 % Wasser)	1.78	1.38	2.47
Kalkhaltige Erde (43 % Wasser)	1.67	2.22	3.68
Nasser Schlamm	1.50	2.51	3.77
Wasser	1.0	4.18	4.18

* Wärmekapazität ist Dichte mal spezifische Wärme.

Über den wärmeren Kontinenten ist im Sommer der Bodendruck viel niedriger als über den Ozeanen. Im Winter ist das Gegenteil der Fall, denn die Kontinente sind dann beträchtlich kälter als die Ozeane. Wie man sieht, gibt es im Winter einen nahezu durchgehenden Hochdruckgürtel zwischen 20 und 30° Breite. Die saisonalen Effekte treten in der Nordhemisphäre aufgrund der größeren Kontinentalmassen deutlicher hervor als in der Südhemisphäre.

Die Karten in Abb. 3−2 zeigen, wie sich die Felder mit den Jahreszeiten verschieben. Die Zentren hohen Luftdruckes liegen im Sommer weiter nördlich als im Winter. Man sieht, daß die innertropische Konvergenzzone „der Sonne folgt". Im Januar ist ihre mittlere Position 5°S, während sie im Juli 10°N ist. Zwei herausragende Erscheinungen der Karte für den Januar sind die ausgeprägten Tiefdruckzentren über den Aleuten und Island. Sie sind im Winter sehr beständig und üben einen großen Einfluß auf das Wetter der Nordhemisphäre aus.

Ein anderes Merkmal in diesen Karten, das Aufmerksamkeit verdient, ist der **Monsun** über dem asiatischen Subkontinent. Im Winter ist die Strömung vom kalten Kontinent zum Indischen Ozean gerichtet, während es sich im Sommer genau anders herum verhält. Es tritt eine breite Strömung vom Indischen Ozean in Richtung auf die Tiefdruckregion Südasiens auf. Bei der Passage der feuchten, labil geschichteten Luft über das Land, und besonders über dem Himalaja Gebirge, steigt die Luft auf und ruft sturzbachartige Schauer und Gewitter hervor. Orte, z B. Cherrapunji in Indien, haben einen mittleren Niederschlag von nahezu unglaublichen 11 Metern pro Jahr, das meiste davon fällt während des Sommermonsuns. In der höheren Atmosphäre sind die Wind – und Druckverteilungen „glatter" als am Erdboden. Abb. 3–3 zeigt die mittleren Verhältnisse in der 50-mb Fläche (Höhe etwa 5600 m über Meeresspiegel). Dies ist eine besonders wichtige Fläche, denn sie teilt die Atmosphäre beinah in zwei Hälften, d.h. ungefähr die Hälte ihrer Gesamtmasse findet sich oberhalb der 500-mb Fläche und die andere Hälfte darunter. Beachten Sie, daß wir in Abb. 3–3 die Darstellung von Größen auf Flächen konstanten Drucks eingeführt haben. In früheren Betrachtungen haben wir die Druckvariationen auf einer horizontal verlaufenden Fläche untersucht und geschaut, ob der Druck hoch oder tief war. Betrachtet man nun eine Fläche, auf der Druck konstant ist, so kann man messen, wie sich die Höhe der Fläche über dem Meeresspiegel örtlich und zeitlich ändert. Eine Region, die als Hoch auf einer Fläche konstanter Höhe erscheint, tritt in einer Fläche konstanten Druckes als Gebiet größerer Höhe hervor.

Aufgrund verschiedener Vorteile bei der Interpretation, besonders beim Untersuchen von Karten mehrerer Höhenstufen, verwenden die Meteorologen im allgemeinen Karten konstanten Druckes und nicht konstanter Höhe. Manchmal stört das Leute, die daran gewöhnt sind, Karten konstanter Höhe zu benutzen, aber wenn man vorrangig an den Verteilungen hohen – und tiefen Druckes und der Winde interessiert ist, sollte es keine Verwirrung geben. Hochs und Tiefs auf Flächen konstanten Drucks stimmen mit Hoch – und Tiefdruckgebieten überein. Zusätzlich tendieren die Winde dazu, parallel zu den Linien gleicher Höhe (Isohypsen) zu wehen und die Windgeschwindigkeit nimmt mit der Vergrößerung des Gradienten der Isohypsen zu.

Wenn wir diese Punkte im Auge behalten, können wir die mittleren 500-mb Karten der Nordhemisphäre, die in Abb. 3–3 gezeigt sind, untersuchen. Im Winter existieren zwei Zentren tiefen Druckes, die im allgemeinen westlich von ihren Gegenstücken am Boden über Island und den Aleuten gelegen sind. Von diesen ausgeprägten Zentren abgesehen, bemerkt man in den meisten Breiten eine weite Strömung westlicher Winde, die sich in langen Wellenzügen bewegt. Über den USA, Westeuropa und dem westlichen Pazifik biegen die Isohypsen nach Süden um. Diese Gebiete wer-

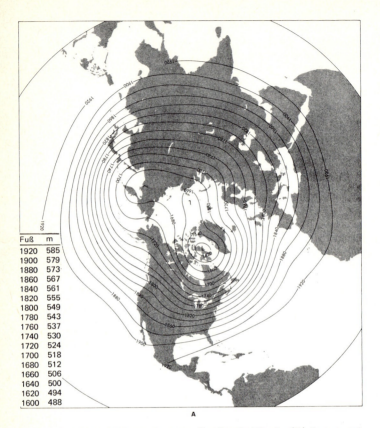

Abb. 3-3 Mittlere 500-mb Karte der Nordhemisphäre im (A) Januar und (B) Juli. Die durchgezogenen Linien geben die Höhe der 500-mb Fläche in Einheiten von 10 Fuß an. Aus: Technical Report 21, U.S. Department of Commerce, NOAA, 1952

den Langwellentröge genannt und sind durch Langwellenhochkeile voneinander getrennt.

Im Sommer sieht die mittlere 500-mb Karte grundsätzlich anders aus als im Winter. Die Tiefs der hohen Breiten verschwinden, die Westwindzone ist schwächer und es gibt einen Ring mit Hochdruckgebieten in niedrigen Breiten. Südlich dieses Ringes treten im 500-mb Niveau östliche Winde auf. Einige Ostwindbereiche

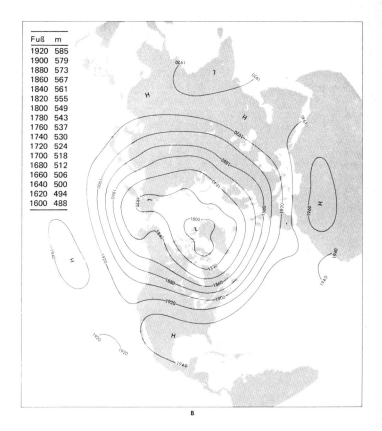

Abb. 3-3 (B) Mittlere 500-mb Karte der Nordhemisphäre im Juli

werden auch im Winter angetroffen; sie liegen aber gewöhnlich dichter am Äquator. Eine der auffälligsten Erscheinungen der Zirkulation der Erdatmosphäre tritt deutlich hervor, wenn man einen Nord-Süd orientierten Vertikalschnitt durch die Atmosphäre untersucht (Abb. 3–4). Man sieht eine starke Luftströmung, die ein ausgesprochenes Maximum aufweist, das auf der Nordhemisphäre im Durchschnitt 60 m sec^{-1} überschreitet.

Diese Strömung nennt man den Strahlstrom (engl. „Jet stream"). Sein Zentrum befindet sich in einer Höhe von etwa 12 km und führt um den Erdball herum, manchmal ohne Unterbrechung. Seine Bahn mändiert nach Norden und Süden und als Folge davon tendieren Mittelkarten von Flächen konstanter Höhe dazu, die Windstrukturen auszuglätten.

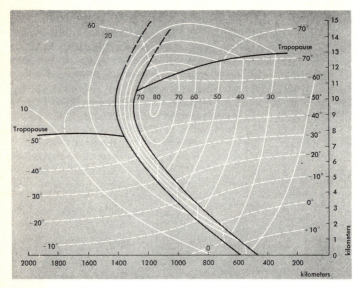

Abb. 3-4 Ein schematischer Vertikalschnitt in der Nordhemisphäre in Nord — Süd Richtung durch die Polarfront (stark durchgezogene Linien), der das Windprofil in einem Strahlstrom zeigt. Die Windgeschwindigkeiten sind in Meter pro Sekunde und die Temperaturen in °C. Aus E. Palmen und C.W. Newton, Atmospheric Circulation Systems, Academic Press, 1969.

Der Strahlstrom spielt eine entscheidende Rolle im Verhalten der Atmosphäre. Er ist ein Mittel zur raschen Energieausbreitung über große Entfernungen hinweg. In Abb. 3-3 wiesen wir auf die mittlere Position der langen Wellen in 500-mb Niveau hin. Diese Wellen und diejenigen mit kleineren Wellenlängen bewegen sich und ändern ihre Amplitude. Die hohen Geschwindigkeiten im Strahlstrom können die Effekte dieser Änderungen um die Erde herum ausbreiten. Die Windgeschwindigkeiten im Kern des Strahlstroms sind manchmal hoch genug, um die Luft im Breitenkreisbereich von 40°–50° in fünf Tagen um die Erde herumzutragen.

Mechanismen der allgemeinen Zirkulation

Wie schon früher erwähnt wurde, kann die Atmosphäre als gigantische Wärmekraftmaschine angesehen werden, die durch die Sonnenenergie angetrieben wird. In Kapitel 1 haben wir besprochen, wie die Sonnenenergie — meist in niedrigen Breiten — absorbiert und in hohen Breiten durch die ausgehende Infrarotstrahlung in den Raum abgegeben wird. Der primäre Faktor hinter der allgemeinen Zirkulation ist der Temperaturunterschied zwischen polaren und äquatorialen Regionen. Gleichzeitig sind andere Faktoren auch von entscheidender Bedeutung bei der Erklärung der tatsächlich beobachteten Druck- und Temperaturverhältnisse: Die Rotationsgeschwindigkeit der Erde, die Verteilung von Land und Wasser und die physikalischen und chemischen Eigenschaften der Luft.

Bestimmte Aspekte der allgemeinen Zirkulation können mit überraschender Ähnlichkeit in Laborexperimenten simuliert werden, die zuerst von Dave *Fultz* an der Universität von Chicago Ende der vierziger Jahre durchgeführt wurden. Die Versuchsmethode besteht darin, daß man Wasser benutzt um die Luft und eine kreisförmige Wanne um die Erde darzustellen. Die Wanne wird entlang des äußeren Randes erwärmt und in der Mitte, wo ein Zylinder befestigt ist, abgekühlt. Auf diese Weise simuliert das Experiment äquatoriale Erwärmung und polare Abkühlung. Die Wanne wird mit verschiedenen Geschwindigkeiten in Drehung versetzt, um die Erddrehung zu simulieren. Es können viele andere experimentelle Variationen eingeführt werden, wie z.B. Hindernisse, um Berge darzustellen. In die Flüssigkeit werden Farbstoffe gebracht, um die Bewegung der Flüssigkeit zu verfolgen.

Laborstudien dieser Art zeigten viele interessante und wichtige Ergebnisse. Sie bestätigten eine Entdeckung, die zuvor von dem berühmten Meteorologen Carl-Gustav *Rossby* gemacht wurde, nämlich, daß der Charakter einer flüssigen Strömung auf einem rotierendem Körper von dem Quotienten aus der charakteristischen Geschwindigkeit der Flüssigkeit und der charakteristischen Geschwindigkeit des Körpers abhängt. Diese Größe, bekannt als die **Rossby Zahl,** ist für die Erde ungefähr 0.1, dies ist der Quotient aus der Geschwindigkeit des Strahlstroms und der Geschwindigkeit der Erdoberfläche am Äquator (etwa 50 m sec^{-1}).

Wenn das Wannenexperiment mit einer Rossby Zahl von 0.1 durchgeführt wurde, war die Struktur der Flüssigkeitsbewegung (Abb. 3—5) in vieler Hinsicht dem in Abb. 3—4 gezeigten mittleren Strömungszustand der Atmosphäre ähnlich.

Wie man erwarten würde, führt die Tatsache, daß die Wanne eben ist, die Erde aber nahezu spährisch, zu Schwierigkeiten. An

Abb. 3-5 Laborsimulation der allgemeinen Zirkulation der Atmosphäre. Mit freundlicher Genehmigung von Dave Fultz, Hydrodynamics Laboratory, University of Chicago.

den Polen ist die Erdoberfläche senkrecht zur Rotationsachse wie im Wannenexperiment. Geht man auf den Äquator zu, läuft die Erdoberfläche mehr und mehr parallel zur Achse, wodurch der Einfluß der Rotation reduziert wird. Das bedeutet, daß die Strömungskonfiguration in der realen Atmosphäre mit dem Wannenexperiment bei kleineren Umdrehungsgeschwindigkeiten simuliert werden sollte. Dieser Zusammenhang zwischen Breite und Geschwindigkeit wurde experimentell bestätigt.

Diese Resultate legen nahe, daß der Charakter der allgemeinen Zirkulation und besonders die Trennung der tropischen Atmosphäre und der Atmosphäre der mittleren Breiten mit der Rotationsrate der Erde eng verbunden ist. Herbert *Riehl*, eine Autorität auf dem Gebiet der tropischen Meteorologie, nahm an, daß die allgemeine Zirkulation der niedrigen Breiten bis zu einer Breite von 60° reichen könnte statt bis zu 30°, würde die Rotationsgeschwindigkeit der Erde nur die Hälfte oder ein Viertel des heutigen Betrags ausmachen. Solche Betrachtungen sind von höchster Bedeutung bei der Entwicklung einer Vorstellung von der atmosphärischen Zirkulation auf anderen Planeten, die sich mit Geschwindigkeiten um ihre Achse drehen, die sich wesentlich von der der Erde unterscheiden.

Wechselwirkungen zwischen Ozean und Atmosphäre

Die Ozeane wurden der Thermostat der Erde genannt; aus Gründen, die meist offenkundig sind. Die Ozeane repräsentieren eine große Masse einer Substanz, die eine hohe Wärmekapazität aufweist. Sie speichern eine enorme Energiemenge und tauschen sie mit der Atmosphäre aus. Im Winter dienen die Ozeane der Erwärmung der über sie hinwegströmenden kühleren Luft (siehe die Karten in Abb. 7–2). Im Sommer tendiert das Ozeanwasser dazu, kälter als die Oberflächenluft zu sein, und daher wird Wärme zum Wasser transferiert.

Die Karten in Abb. 3–2 zeigen den Einfluß des Temperaturunterschiedes zwischen Land und Wasser auf die Bodendruckverteilung der Erde. Diese Verteilung wiederum bestimmt Wettersysteme und Windströmungen.

Bei der Vorgabe der Charakteristiken der allgemeinen Zirkulation sind die Ozeane nicht nur als Wärmequellen und -senken entscheidend, sondern ebenso, wie in Kapitel 1 vermerkt, als Medium, durch welches große Energiemengen von den warmen äquatorialen Regionen zu den kälteren polaren transportiert werden. Durch diesen Transport reduzieren sie die Gesamttemperaturdifferenz und mithin die Antriebskraft des globalen Windsystems. Die warmen Ozeanströmungen wie der Golfstrom, oder der Kuroshio transportieren Wärme polwärts, während die kühlen Ströme wie der Kalifornienstrom und der Humboldtstrom kaltes Wasser äquatorwärts transportieren.

Die Ozeane der Erde beeinflussen die allgemeine Zirkulation auch auf Arten, die in der Vergangenheit sehr wenig Aufmerksamkeit gefunden haben. Eine von ihnen hängt mit dem Aufquellen großer Mengen kalten Wassers in äquatorialen Gebieten zusammen. Dies tritt als Reaktion auf die Ablenkung des Oberflächenwassers in die entgegengesetzte Richtung durch den Nordost- und Südostpassat auf. Es ist berichtet worden, daß sich das aufquellende Wasser im östlichen Pazifik über Gebiete erstreckt, die mehrere Tausend Kilometer durchmessen, und mehrere Grade kälter als das Wasser der Umgebung ist. In bestimmten Jahren tritt kein Aufquellen kalten Wassers auf, und in anderen Jahren erscheinen plötzlich Massen niedrig temperierten Wassers. Der bekannte Meteorologe Jakob *Bjerknes* von der Universität von Kalifornien in Los Angeles hat das Erscheinen von großen Schlieren aufquellenden Wassers mit Veränderungen in der atmosphärischen Zirkulation der Nordhemisphäre in Zusammenhang gebracht.

Ein anderer prominenter Meteorologe, Jerome *Namias,* hat beobachtet, daß die Wassertemperaturen des Nordpazifiks in manchen Jahren bis zu 6°C über den langjährigen Mittelwerten liegen. Es wurde vermutet, daß solche Anomalien eine Kontrollfunktion auf die allgemeine Zirkulation ausüben könnten.

Wie weitverbreitet die Phänomene des sporadischen, großräumigen Aufquellens von Wasser oder der abnormen Erwärmung über den Ozeanen auf der Erde sind, muß noch ermittelt werden. Erdumkreisende Satelliten, die mit entsprechenden Radiometern ausgerüstet sind, sollten die Aufspürung und Messung von Anomalien in den Wassertemperaturen der Ozeane erleichtern.

Die Wechselwirkung zwischen Ozean und Atmosphäre kann auch durch die Bildung von Seeis stark beeinflußt werden. Joseph O. *Fletcher,* der auf diesem Gebiet Pionierarbeit geleistet hat, wies darauf hin, daß Eis ein guter Isolator ist. In der Arktis kann eine Eisschicht von weniger als einem Meter Dicke an ihrer Oberfläche eine Temperatur von -30°C aufrechterhalten, während das Eis Kontakt mit Ozeanwasser mit einer Temperatur von -2°C hat. Das Eis verhindert wirkungsvoll den Wärmetransfer vom Wasser in die Luft.

Eine zweite wichtige Rolle des Eises ist die Erhöhung des Reflexionsvermögens der Oberfläche. Im Sommer absorbieren offene, eisfreie polare Ozeane etwa 90% der eingestrahlten Sonnenenergie. Vergleichsweise werden augenblicklich von dem das ganze Jahr vorhandene stark reflektierenden Eis 30—40% absorbiert.

Der Effekt des Eises ist demzufolge die Unterdrückung des Wärmetransfers vom Ozean in die Atmosphäre und eine Reduzierung der Menge der absorbierten Sonnenenergie. Eine Zunahme des Seeises verstärkt diese Effekte, führt zu niedrigeren Temperaturen, mehr Seeis und einer Ausdehnung des gleichen Prozesses. Einmal begonnen, kann er solange andauern, bis irgend ein anderer, äußerer Mechanismus ins Spiel kommt und den Vorgang umkehrt. Ist der umgekehrte Effekt einmal in Gang gekommen, wird er aufrechterhalten wegen seines Rückkoppelungseffekts.

Wie weit der Prozeß der Eisausdehnung oder des Rückzuges gehen muß, bevor die großräumige Zirkulation der Atmosphäre beeinflußt wird, ist noch nicht bekannt. Aufzeichnungen zeigen, daß es während der vergangenen Jahre große Änderungen in der Ausdehnung des Seeises gegeben hat. Z.B. ein halbes Jahrhundert lang — bis ungefähr 1940 — fand eine langsame Erwärmung der Atmosphäre statt, begleitet von einer Reduzierung der Ausdehnung und der Dicke des Seeises. Aus noch unbekannten Gründen begann die Erde 1940 sich abzukühlen und der Prozeß der Seeisbildung wurde umgekehrt.

Der sowjetische Klimatologe M.I. *Budyko* sagte voraus, daß das arktische Packeis, werde es vollständig abschmelzen, sich aufgrund der eintreffenden Sonnenstrahlung nicht wieder neubilden würde. Stattdessen stellte er sich einen eisfreien arktischen Ozean und ein anderes klimatologisches Regime in der Arktis vor. Man würde ebenfalls erwarten, daß der Temperaturunterschied zwischen den äquatorialen und den polaren Gebieten geringer als im Augenblick sein würde, was zu größeren Veränderungen in der allgemeinen Zirkulation der ganzen Atmosphäre führen würde. Über *Budykos* Hypothese einer eisfreien Arktis und ihren Auswirkungen auf die globale Zirkulation gibt es noch beträchtliche Ungewißheit.

Falls die Erwärmung in der Arktis über 1940 hinaus lange genug angedauert hätte um Änderungen der Temperatur in größerer Tiefe hervorzurufen, könnte die Natur Budykos Hypothese getestet haben. Stattdessen kam es seit den vierziger Jahren zu einer allgemeinen weltweiten Abkühlung und zu einem Anwachsen des Seeises. Als Folge davon wird es notwendig sein, die Hypothesen mittels realistischer theoretischer Modelle der allgemeinen Zirkulation zu überprüfen. Ein derartiges Modell könnte dazu verwendet werden, um vorherzusagen, wie lange und in welchem Ausmaß die Abkühlung fortdauern würde.

Theoretische Modelle der allgemeinen Zirkulation

Wir haben früher schon Labormodelle der allgemeinen Zirkulation besprochen. Obwohl sie neue Informationen geliefert haben, weisen sie noch offensichtliche Grenzen auf, die mit Schwierigkeiten bei der Nachbildung verschiedener wichtiger Vorgänge (wie Wolkenbildung) verbunden sind. Ein anderer vielversprechender Versuch die allgemeine Zirkulation zu studieren, ist die Benutzung mathematischer Modelle. Das ist keine neue Idee, aber eine, die völlig inpraktikabel war vor der Entwicklung schneller elektronischer Rechner.

Ein mathematisches Modell der allgemeinen Zirkulation geht von einer Anzahl von Gleichungen aus, die die Natur des Systems beschreiben und wie es sich mit der Zeit ändert. Ein typisches Modell besteht aus folgenden Teilen:

1. Eine Zustandsgleichung, die einen Zusammenhang zwischen Druck, Temperatur und Dichte der Luft angibt,
2. Eine Bewegungsgleichung, die einen Zusammenhang zwischen der dreidimensionalen Bewegung der Luft und den Druck- und Reibungskräften angibt,
3. Thermodynamische Gleichungen, die Temperaturänderungen im System Erde-Atmosphäre behandeln,
4. Gleichungen, die Wasserdampf, Wolken und Niederschlag behandeln,
5. Gleichungen, die den Strahlungstransfer durch die Atmosphäre behandeln,
6. Gleichungen, die den Wärme- und Wasserhaushalt an der Erdoberfläche behandeln.

Das Gleichungssystem, das dieses Problem beschreibt, ist untereinander gekoppelt und muß mit numerischen Methoden gelöst werden. Das erfordert die Angabe von Druck, Temperatur und Feuchte in einem Gitterpunktnetz, dessen Punktabstand in der horizontalen etwa 400 km beträgt. Diese Daten werden von einer Anzahl von Druckflächen benötigt, manchmal bis zu zehn, die zwischen 1000 mb und 10 mb liegen, was den Höhenbereich von Seehöhe bis zu 30 km Höhe umfaßt.

In der Praxis wird bei der Berechnung der Entwicklung der allgemeinen Zirkulation von einfachen Anfangsbedingungen ausgegangen. Beispielsweise wird manchmal angenommen, daß sich die Atmosphäre im Ruhezustand befindet und isothermal ist, d.h. überall die gleiche Temperatur aufweist. Dann wird die Sonne „angeschaltet" und alle im mathematischen Modell enthaltenen Vorgänge können zur Wirkung kommen. Während der ersten Modelltage kommt es nur zu geringer Bewegung, während die äquatorialen Regionen wärmer als die polaren werden. Wenn die Temperaturdifferenzen groß genug werden, setzen Konvektion und dreidimensionale Luftbewegungen ein. Die Effekte der Erdrotation, Land – Wasser Unterschiede, Gebirgszüge, Wolken- und Niederschlagsbildung und andere Faktoren kommen ins Spiel Nach etwa 200 bis 300 Modelltagen entwickeln sich berechnete atmosphärische Zirkulationen, die eine auffallende Ähnlichkeit mit den tatsächlich beobachteten haben (s. Abb. 3–6).

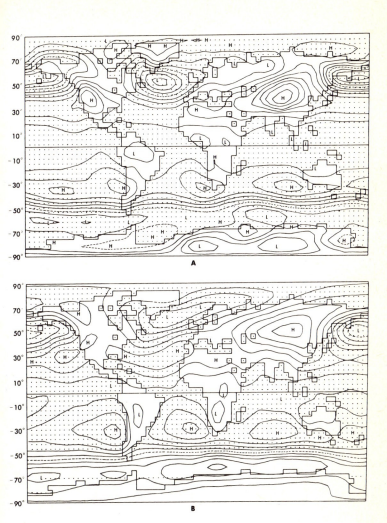

Abb. 3-6 Mit Computern berechnete mittlere Luftdruckverteilung in Meereshöhe im Januar: (A) berechnet und (B) beobachtet. Die Isobaren haben Intervalle von 4 mb, und die durchbrochene Linie ist die 1000 mb Isobare. Aus Y. Mintz, A. Katayama und A. Arakawa, University of California at Los Angeles, 1972.

Die Modelle können den Strahlungsenergietransfer noch nicht auf zufriedenstellende Weise behandeln. Besonders die Effekte von Aerosolen und bestimmten Spurengasen sind noch nicht in der erforderlichen Weise bekannt. Bis zu einem gewissen Grade ist dies auf unzureichende Informationen über die Menge und Charakteristiken dieser Substanzen zurückzuführen.

Ein anderes Hauptinteressengebiet der Modellrechner ist die Wechselwirkung zwischen Ozean und Atmosphäre. Da die beiden fluiden Systeme eng miteinander gekoppelt sind, begleitet eine Temperaturänderung in einem Medium eine Änderung im anderen. Es wurden mathematische Modelle entwickelt, die Austauschprozesse von Strahlung, turbulente Transporte von fühlbarer Wärme sowie latenter Wärme durch Verdampfung mit berücksichtigen. Der Wasseraustausch mit den Ozeanen durch Verdunstung und Niederschlag ist in das Modell eingebaut. Schließlich tragen die Gleichungen dem Impulsaustausch Rechnung, der durch Wind= straße an der Ozeanoberfläche erzeugt wird. Die resultierende

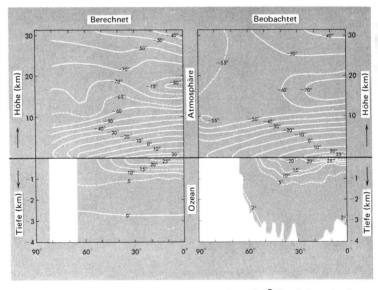

Abb. 3-7 Berechnete mittlere Temperaturverteilung (in °C), erhalten durch Mittelung der für beide Hemisphären um die Breitenkreise herum berechneten Verteilungen. Die rechte Seite zeigt die beobachteten Temperaturen in der Nordhemisphäre und im Nordatlantik. Aus S. Manabe und K. Bryan, Journal of the Atmospheric Sciences, 1969, 26: 786-789.

Reihe von Gleichungen schließt noch immer nicht alle Austauschmechanismen mit ein. Trotzdem ergab ein numerisches Modell,
das von Syukuro *Manabe* und Kirk *Bryan* am Geophysical Fluid
Dynamics Laboratory der National Oceanic and Atmospheric
Administration (NOAA) in Amerika entwickelt wurde, ermutigende Resultate, die in Abb. 3–7 zu sehen sind.

Das Modell zeigt, daß die errechneten Temperaturstrukturen
in der Atmosphäre und den Ozeanen in guter Übereinstimmung
mit den beobachteten Verhältnissen stehen.

Um eine Vorstellung von der Rolle zu geben, die elektroni-
sche Rechner bei dieser Art von Forschung spielen, scheint es er-
wähnenswert, daß die Rechnungen, die zu Abb. 3–7 führten,
1200 Stunden Rechenzeit auf der UNIVAC 1108 in Anspruch
nahmen.

Es ist klar, daß bei der Entwicklung von theoretischen Modell-
len der allgemeinen Zirkulation der Atmosphäre und der Wechselwirkung mit den Ozeanen große Fortschritte gemacht worden
sind. Diese Modelle bieten die Hoffnung, daß Wettervorhersagen
für ein bis zwei Wochen gemacht werden können. Für diesen
Zweck werden vollständigere Informationen von der ganzen Erdatmosphäre benötigt, als im Augenblick zu haben sind.

Es gibt große „Löcher" über den Ozeanen, besonders über der
Südhemisphäre. Erdumkreisende Satelliten bieten die Hoffnung,
die benötigten Beobachtungen zu liefern. Viele der erforderlichen
Messungen können schon heute mit erdumkreisenden Sensoren
gemacht werden. Ende der siebziger Jahre sollten wir die Ergebnisse des Global Atmospheric Research Program (abgekürzt
GARP) erleben, eines gewaltigen internationalen Vorhabens zum
Aufbau eines angemessenen weltweiten Beobachtungsprogrammes
und zur Entwicklung verbesserter Modelle der Erdatmosphäre.

Andere Größenordnungsstufen atmosphärischer Strömungen

Die allgemeine Zirkulation ist größtenteils aus breiten Luftströmungen zusammengesetzt, die sich mit relativ geringen Auslenkun-
gen nach Nord und Süd in Form weniger sehr langer Wellen um
den Erdball herumbewegen. In die allgemeine Zirkulation sind
viele Störungen von Wind, Druck und Temperatur kleinerer Grös-
senordnung eingebettet, die sich recht schnell ändern. Diese Stör-
rungen hängen mit Schlechtwettersystemen verschiedener Art zusammen. Auf jeder Wetterkarte kann man Zentren tiefen Luftdrucks sehen, die oftmals in Gestalt nahezu konzentrischer, kreisförmiger Isobaren erscheinen. Die geschlossene Windzirkulation

um das Zentrum eines solchen Gebietes tiefen Druckes nennt man eine **Zyklone**. Eine geschlossene Zirkulation um ein Gebiet hohen Druckes nennt man eine **Antizyklone**. Wie in Kapitel 2 gesagt wurde, weht der Wind in der Nordhemisphäre gegen den Uhrzeigersinn um eine Zyklone und im Uhrzeigersinn um eine Antizyklone. In der Südhemisphäre kehrt sich die Richtung um.

Zyklonen und Antizyklonen haben Durchmesser von mehreren Hundert bis zu mehreren Tausend Kilometern und können für viele Tage existieren. Manchmal entwickeln und bewegen sie sich rasch; manchmal bleiben sie nahezu stationär. Im allgemeinen sind die Winde in Erdbodennähe in einer typischen Zyklone oder Antizyklone nicht stark; Geschwindigkeiten von 5 bis 10 m sec^{-1} sind üblich. Dies ist nicht der Fall bei Zyklonen, die sich über tropischen Ozeanen bilden und sich zu Hurrikanen entwickeln. Diese Sturmsysteme, die in Kapitel 6 besprochen werden sollen, weisen manchmal Windgeschwindigkeiten bis nahezu 100 m sec^{-1} auf.

In der Populärpresse wird der Name „Zyklone" manchmal den Tornados gegeben, jenen sehr heftigen, kurzlebigen Unwettern, die gewöhnlich einen Durchmesser von wenigen Hundert Metern haben und eine Lebensdauer von Minuten[6].

Der Zeitablauf und die Intensität des Monsuns in Indien oder monsunaler Zirkulationen in anderen Teilen der Welt werden durch die allgemeine Zirkulation der Atmosphäre gesteuert. Wenn verbesserte Methoden entwickelt werden, die längerfristige Vorhersagen des Zustandes der Atmosphäre über dem gesamten Planeten gestatten, sollte es möglich sein, bessere Vorhersagen für das Verhalten der monsunalen Zirkulation zu machen.

4 Fronten und Zyklonen

In Kapitel 1 stellten wir fest, daß Wärme polwärts transportiert werden muß, um die beobachteten Temperaturstrukturen der Atmosphäre zu erklären. Der atmosphärische Teil des Transportmechanismus' wird in vielerlei Weise bewerkstelligt. In den Tropen tritt meist eine thermisch angetriebene Konvektionszirkulation auf. Warmluft steigt über der Innertropischen Konvergenzzone auf, bewegt sich in der Höhe polwärts, sinkt in den Hochdruckzellen der Subtropen ab und schließt die Zirkulation als äquatorwärts wehender Passatwind in den unteren Luftschichten.

In den mittleren Breiten tritt der polwärtige Transfer von Wärme und Feuchtigkeit meist als Resultat meridionaler Vermischung von warmer und kalter Luft auf. Große Massen warmer und feuchter Luft von den südlichen Ozeanen bewegen sich nordwärts während Kaltluftkörper sich südwärts in andere Nachbarregionen bewegen. Oftmals sind die Grenzen zwischen warmen und kalten Luftmassen recht scharf und leicht identifizierbar. Unter diesen Bedingungen werden sie **Fronten** genannt.

Wie wir sehen werden, können viele Änderungen des täglichen Wetters mittels Luftmassen und Fronten erklärt werden.

Luftmassen

Die Meteorologen gebrauchen den Begriff **Luftmasse,** um einen ausgedehnten Luftkörper zu beschreiben, dessen Eigenschaften in seiner gesamten horizontalen Erstreckung homogen sind. Insbesondere würde man in einer gegebenen Luftmasse nur geringe Temperatur – und Feuchtedifferenzen an verschiedenen Punkten und in gleicher Höhe erwarten. Beispielsweise würde die Temperaturdifferenz über eine Entfernung von 100 km nur gering sein im Vergleich zur beobachteten Differenz über eine Luftmassengrenze hinweg. Das von einer einzigen Luftmasse bedeckte Gebiet kann mehrere Tausend Kilometer durchmessen. Eine Luftmasse entwickelt ihre Eigenschaften dadurch, daß sie über einer bestimmten Region lange genug verweilt, damit die vertikale Temperatur- und Feuchteverteilung einen Gleichgewichtszustand mit der darunterliegenden Oberfläche erreichen kann. Wie das vor sich geht wird klarer werden, wenn wir die Eigenschaften der Hauptluftmassen untersuchen und sehen, wie sie sich entwickeln. Das am weitesten akzeptierte System zur Klassifizierung der Luftmassen greift auf die thermische Charakteristik der Ursprungsregionen zurück: tropisch (T), polar (P) und weniger häufig arktisch oder antarktisch (A). Die Feuchteeigenschaften der Luftmasse werden durch die Zusätze kontinental (c) und maritim (m) entsprechend trockener bzw. feuchter Luft repräsentiert. In dieser Klassifikation wird eine Luftmasse, die sich über dem tropischen Ozean gebildet hat tropisch — maritim genannt und mit mT bezeichnet; eine polare kontinentale Luftmasse cP ist kahl und trocken und entstammt einer kontintentalen Region höherer Breite. Wenn eine Luftmasse ihre Ursprungsregion verläßt, ändert sie sich graduell als Resultat von Wechselwirkungen mit der unterliegenden Erdoberfläche und vertikalen Luftbewegungen. Luft, die wärmer ist als die Unterlage, über die sie hinwegströmt, wird durch Hinzufügen des Buchstabens w gekennzeichnet. So wird tropische Luft, die sich über einen kalten Kontinent hinwegbewegt mit mTw bezeichnet. Ist die Luft kälter als die unterliegende Oberfläche, wird sie durch den Buchstaben k gekennzeichnet. Eine kontinentale Polarluftmasse, die sich südwärts über wärmeres Land bewegt wird als cPk identifiziert.

Wie in Kapitel 2 erwähnt wurde, hängt die vertikale Stabilität der Luft größtenteils von der Änderung der Temperatur mit der Höhe ab. Eine k-Luftmasse neigt zu labiler Schichtung, denn die warme Oberfläche produziert einen steilen vertikalen Temperaturgradienten und Einsetzen von Konvektion. Als Folge davon ist die Luft im allgemeinen durch Vertikalbewegungen gut durchmischt und die Sichtweite ist meist gut. Der Taghimmel hat in frischer, klarer cPk-Luft eine tiefblaue Farbe.

W-Luftmassen andererseits sind in Erdbodennähe stabil geschichtet, denn die Luft ist wärmer, als die kältere Erdoberfläche. Die resultierende, tiefliegende Inversion unterbindet vertikale Durchmischung. Unter diesen Bedingungen werden Luftschadstoffe „eingefangen" und ihre vertikale Durchmischung wird eingeschränkt. Die freigesetzten Aerosole streuen das Sonnenlicht in einer Weise, die dem Himmel ein weißliches Aussehen gibt.

Die Hauptursprungsgebiete der Luftmassen, die Nordamerika beeinflussen, sind in Abb. 4 gezeigt. Wie zuvor gesagt wurde, handelt es sich dabei um Gebiete, die im allgemeinen gleiche Oberflächenverhältnisse aufweisen.

Kontinentale Polarluftmassen haben ihren Ursprung über den schnee- und eisbedeckten Landmassen Asiens und Nordamerikas. Die wesentlichsten Prozesse bei der Bildung von cP-Luft sind Strahlung und Kondensation. Die weiße Schneeoberfläche reflektiert viel von der einfallenden Sonnenstrahlung und ist gleichzeitig ein wirkungsvoller Wärmespender in der Form infraroter Wellen. Die Luft in Erdbodennähe strahlt Wärme nach oben in höhere Luftschichten und nach unten zur Schneeoberfläche hin ab, die wiederrum nach oben abstrahlt. Ein Teil der Energie wird von der polaren Luft absorbiert, aber ein anderer Teil der Energie wird in den Raum abgegeben. Als Folge geht die Temperatur der Luft in Erdbodennähe zurück. Der Vorgang geht weiter, wobei eine immer mächtigere Schicht von kalter, stabil geschichteter Luft erzeugt wird. Wenn die Temperatur des Erdbodens tief genug sinkt, kondensiert der Wasserdampf am Boden. Dies setzt den Wasserdampfgehalt der Luft herab und führt zu den charakteristischen, niedrigen Luftfeuchtigkeiten in cP-Luft.

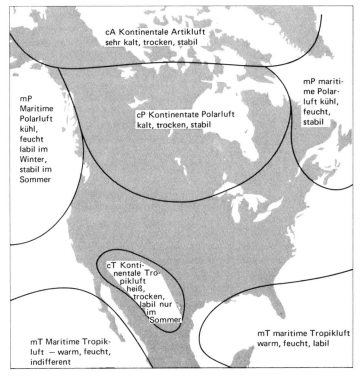

Abb. 4-1 Luftmassenursprungsgebiete über Nordamerika

In einigen Fällen kann der Abkühlungsprozeß für mehrere Wochen andauern und gewaltige Gebiete kalter, trockener Luft erzeugen, die zwei bis drei Tausend Meter mächtig sind.

Arktische Luftmassen sind extreme Erscheinungsformen von kontinentaler Polarluft. Sie bilden sich über dem polaren Eis und sind sehr kalt und trocken. Wenn sich eine cP- oder cA-Luftmasse im Winter über den Ozean bewegt, kann sie in nur ein oder zwei Tagen in eine mP-Luftmasse umgewandelt werden. Das unterliegende Wasser, das eine höhere Temperatur als die Luft hat, erwärmt sie durch Wärmeleitung. Das führt zu Labilität und Konvektionsströmen, die Wärme rasch nach oben transportieren. Die Konvektion transferiert ebenfalls Wasserdampf, der an der Wasseroberfläche verdunstet, in die trockene Luft.

In den USA entwickeln sich die meisten der sommerlichen Regenschauer und Gewitter in maritimer Tropikluft, die vom Golf von Mexiko, der Karibischen See und dem angrenzenden Atlantischen Ozean kommt. Die ozeanischen Gewässer haben in diesen Gebieten relativ hohe Temperaturen und daher erwärmen sie die über sie hinwegströmende Luft. Dabei wird Wasserdampf in grossen Mengen in die Luft hineinverdampft. Konvektionsprozesse vermischen Wärme und Wasserdampf vertikal in der Atmosphäre. Die Haupteigenschaften der mT-Luft sind hohe Luftfeuchtigkeit und labile Schichtung.

Im Winter, wenn sich maritime Tropikluft über kälteres Land bewegt, wird sie zu einer mTw-Luft. Da die Temperatur mit der Höhe zunimmt, ist die Luft in Erdbodennähe stabil geschichtet, bleibt darüber jedoch labil und enthält große Mengen Wasserdampf. Wenn eine derartige Luftmasse angehoben wird, können die entstehenden Wolken große Mengen Regen oder Schnee liefern.

Die maritime Tropikluft, die sich über dem Pazifik westlich von Mexiko bildet, ist warm und feucht, aber nicht in dem Maße labil geschichtet wie ihr Gegenstück vom Golf von Mexiko. Die ozeanischen Gewässer vor der Westküste Mexikos sind relativ kühl und als Folge davon tritt eine Tendenz zu stabiler Schichtung im unteren Bereich auf. Aufgrund der allgemeinen Zirkulation tritt in jener Region noch ein allgemeines Absinken auf, das stabilisierend auf die Schichtung der Luft wirkt.

Abb. 4—1 zeigt auch ein Ursprungsgebiet kontinentaler Tropikluft über dem Südwesten der USA und Mexiko. Ein weit größeres Ursprungsgebiet in der Nordhemisphäre ist die nordafrikanische Wüstenregion. Diese cT-Luftmassen treten nur im Sommer auf und sind heiß, trocken und labilgeschichtet. Die Sonneneinstrahlung läßt die Lufttemperaturen in den Wüsten Extreme erreichen, die oftmals 40°C überschreiten; die Erdbodentemperaturen können 10—20° höher liegen. In den untersten Metern der Atmosphäre kann der vertikale Temperaturgradient wesentlich größer sein als adiabatische Gradient. Die Luft ist sehr labil und es tritt sehr viel Konvektion in klarer Luft auf, oftmals bis in Höhen, die 3000 m überschreiten. Piloten, die während des Tages die Wüste überflogen haben, sind bestens mit den Konvektionsströmen in cT-Luft vertraut.

Fronten

Wenn zwei unterschiedliche Luftmassen aufeinander treffen, vermischen sie sich nicht leichthin. Stattdessen gleitet die kältere Luft unter die wärmere und zwischen ihnen entwickelt sich eine Übergangszone. Sie wird Front genannt, weil das Konzept zuerst während des 1. Weltkrieges von norwegischen Meteorologen entdeckt wurde, als in den Zeitungen von solchen Dingen wie der „Westfront" die Rede war. Eine typische Front durchmißt etwa 15—30 km.

Das Hauptfrontensystem in der Atmosphäre trennt den großen Körper der Polarluft von der wärmeren Tropikluft. Diese Grenze, genannt die **Polarfront** umspannt manchmal — mit wenigen Unterbrechungen — fast die gesamte Nordhemisphäre. Wie wir sehen werden, sind viele der größeren Schlechtwettersysteme mit der Polarfront verbunden. Die Meteorolen klassifizieren Fronten entsprechend der Luft, die sich voranbewegt (Abb. 4—2). Wenn sich kalte Luft voranbewegt und die vor ihr liegende Warmluft vor sich herschiebt, wird die Übergangszone eine Kaltfront genannt. Oftmals bilden sich Schauer und Gewitter in der aufsteigenden Warmluft an der Vorderkante der Kaltluft, besonders wenn die Warmluft feucht und labil geschichtet ist.

Wenn sich Warmluft voranbewegt und die Kaltluft zum Rückzug zwingt, wird die Grenze eine Warmfront genannt. Sie ist flacher als eine Kaltfront mit einer Neigung von etwa 1 km Anstieg über 200 km Entfernung, während eine Kaltfront doppelt so stark geneigt sein kann. Die warme, eine Warmfront hinaufgleitende Luft enthält manchmal verbreitet Wolken, Regen oder Schnee.

Wenn sich die Grenze zwischen der kalten und der warmen Luft nicht bewegt, wird die Front stationär genannt. Wenn eine Kalfront eine Warmfront überholt und sie unterläuft, sprechen wir von **Okkludierenden Fronten.**

Da Fronten Luftmassen mit recht unterschiedlichen Eigenschaften voneinander trennen, ist es klar, daß es bei der Wettervorhersage hilfreich ist, die Positionen der Fronten zu verfolgen und ihr zukünftiges Verhalten vorherzusagen.

Das Studium von Wetterkarten zeigt, daß die Aufgabe, das Wetter zu erklären und vorherzusagen mehr erfordert, als das alleinige Verfolgen von Fronten. Es ist notwendig, die Entstehung neuer

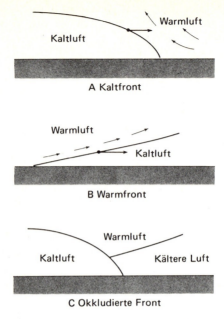

Abb. 4-2 Schematische Darstellung eines Vertikalschnittes durch (A) eine Kaltfront, (B) eine Warmfront und (C) eine okkludierte Front.

Fronten und die Auflösung alter erklären zu können. Gleichermassen wichtig ist es, das Auftreten von Zyklonen zu erklären. Mit ihnen sind die größeren Schlechtwettersysteme verbunden und der Hauptanteil des Regens und Schnees im Winter.

Zyklonen

Schon zu Beginn des 19. Jahrhunderts wurde in England erkannt, daß große Schlechtwettersysteme mit wandernden Gebieten tiefen Druckes zusammenhängen. Etwa hundert Jahre lang spekulierten verschiedene Wissenschaftler über die Eigenschaften solcher zyklonischen Schlechtwettersysteme. Unglücklicherweise gab es nur wenige, verläßliche Beobachtungen von einem hinreichend großen Gebiet. Das machte es schwierig, ein einigermaßen vollständiges Bild von den Vorgängen im Zentrum der Schlechtwettersysteme zu konstruieren.

Größere Fortschritte im Verständnis der Zyklonen wurden gegen Ende des 1. Weltkrieges von den norwegischen Meteorologen Wilhelm *Bjerknes,* seinem Sohn Jakob und deren Mitarbeitern gemacht. Sie sammelten hinreichende Beobachtungen der Großwetterlage, um die Struktur einer Anzahl von Zyklonen über Europa zu studieren. Das Resultat ihrer Analysen ist die nun berühmte **Frontaltheorie der Zyklonen.** Sie wurde drei Jahrzehnte lang als angemessene Erklärung weithin akzeptiert. In der letzten Zeit sind neuere Ideen aufgekommen.

Nach der Norwegischen Schule bildet sich eine Zyklone entlang einer nahezu stationären Front einem Muster folgend, das auf Wetterkarten oft beobachtet wird. Die Reihenfolge der Ereignisse ist in Abb. 4−3 gezeigt. Eine Störung entwickelt sich an der Front, wenn kalte Luft nach Süden und warme Luft nach Norden ausgelenkt wird. Bei diesem Vorgang wird potentielle Energie in kinetische umgewandelt, wenn kalte, schwere Luft hinter der Front absinkt und warme, feuchte Luft aufsteigt.

Während sich die Welle entwickelt, tritt in der warmen, aufsteigenden Luft Kondensation auf. Wolken bilden sich und es kann zu Niederschlägen kommen. Auf dem Höhepunkt der Welle tritt Abfall des Luftdrucks auf, der eine Wellenzyklone produziert, die eine Warmfront und Kaltfront enthält. Letztere bewegt sich schneller voran als die erstere wodurch der Warmluftsektor fortschreitend kleiner wird. Die Luftbewegung um eine Nordhemisphärenzyklone ist gegen den Uhrzeigersinn gerichtet und die Windgeschwindigkeit im Warmsektor ist größer als die Geschwindigkeit der Warmfront.

Als Folge davon steigt die Warmluft über dem Kaltluftkeil auf und produziert ausgedehnte Wolkensysteme, auf die später eingegangen wird.

Entlang der Vorderkante der voranschreitenden Kaltfront kommt es zu schnellem Aufsteigen der warmen und feuchten Luft und, falls die Luft hinreichend labil ist, zu Gewitterbildung.

Während sich die Zyklone weiter entwickelt, überholt die voranschreitende Kaltfront die Warmfront und der Okklusionsprozeß beginnt, wie es in Abb. 4−3 D gezeigt ist. Unter der okkludierten Front tritt eine Mischung der Kaltluftmassen in Erscheinung, die sich vor der Warmfront und hinter der Kaltfront befinden. Das Andauern des Okklusionsprozesses führt zur Auflösung der Zyklone und im letzten Stadium ist sie ein sich abschwächender Wirbel, der mit recht einheitlich kalter Luft angefüllt ist.

In der Realität kann sich die Aufeinanderfolge der Stadien der Zyklonenentwicklung in vielen wichtigen Details von der idealisierten Darstellung in Abb. 4−3 unterscheiden. Im Besonderen un-

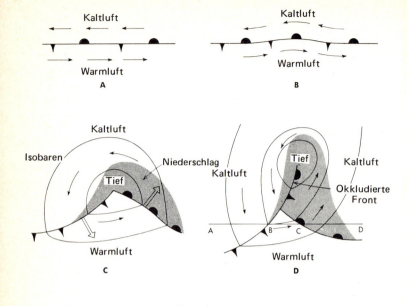

Abb. 4-3 Schematische Darstellung der Entstehung einer Wellenzyklone entlang einer Frontalzone.

terscheidet sich die Verteilung von Wolken und Niederschlag oftmals recht stark von der geschilderten Verteilung. Die meisten Wettererscheinungen finden sich vor dem Tiefdruckzentrum und hängen mit der Warmfront zusammen, aber es treten viele Unterschiede von einem Tief zum anderen auf.

Der Lebenszyklus einer Zyklone kann von einem Tag bis zu einer Woche andauern, je nach dem Grad der Entwicklung. Die ersten Entwicklungsstadien, die in Abb. 4–3 A und 4–3 B gezeigt sind, können in Stunden durchlaufen werden. Typisch sind viele, kleine Wellenstörungen, die an einer langen, stationären Front auftreten, aber nur wenige Wellen entwickeln sich zu ausgereiften Zyklonen. Wenn eine auftritt, ist es wahrscheinlich, daß sich entlang derselben, stationären Front noch eine andere bildet. Dies führt zu dem, was unter dem Namen Zyklonenfamilie bekannt ist.

Die Frontaltheorie der Zyklonen ist ein sehr nützliches Konzept gewesen und sie wird noch weithin von den in der Wettervorhersage tätigen Meteorologen zur Vorhersage von Neubildung und Verhalten zyklonaler Wettersysteme verwendet. Andererseits war es nicht möglich eine befriedigende Erklärung für die Bildung von Zyklonen an einer geneigten Frontfläche zu finden.

In den späten vierziger Jahren begann eine Anzahl von Wissenschaftlern, besonders Jule *Charney,* jetzt am Massachusetts Institute of Technology (MIT) in den USA, die Zyklonenentwicklung von einem ganz anderen Gesichtspunkt her zu untersuchen. Diese Forschung hat zu einem neuen Konzept geführt, das als **Theorie der Baroklinen Wellen** bekannt ist. Das Wort baroklin wird verwendet, um einen Zustand der Atmosphäre zu kennzeichnen, in dem Flächen konstanten Drucks nicht parallel zu Flächen konstanter Dichte liegen. Da die Dichte größtenteils von der Temperatur abhängt, ändert sich in einer baroklinen Atmosphäre die Temperatur entlang einer Fläche konstanten Drucks (Abb. 4–4). Normalerweise nimmt die Temperatur in der Troposphäre von Süd nach Nord ab. In diesem Fall nehmen der Nord-Süd-Luftdruckgradient und die von West nach Ost gerichtete Windgeschwindigkeit mit der Höhe zu. Wenn der Wind in sehr ausgeprägter Weise mit der Höhe zunimmt und noch andere Bedingungen erfüllt sind, entwickelt sich barokline Instabilität, und Zyklonen können entstehen.

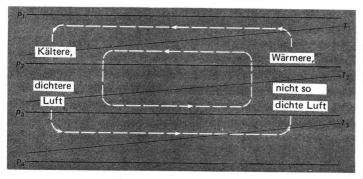

Abb. 4-4 Wenn die Temperatur- und Druckflächen nicht parallel sind, dann ist die Atmosphäre baroklin und es besteht eine Tendenz zu den durch Pfeilen markierten Zirkulationen. (Wenn Druck- und Temperaturflächen parallel liegen ist die Atmosphäre barotrop.)

Die Theorie der baroklinen Wellen weist zur Erklärung der frühen Stadien der Zyklonenentwicklung eine solide mathematische Grundlage auf. Sie zeigt, daß für typische Verhältnisse in den mittleren Breiten, bei Windzunahme mit der Höhe, Nord-Süd-Störungen in der Windrichtung manchmal instabil sind. Mit anderen Worten, wenn eine Störung einmal da ist, vergrößert sie ihre Amplitude recht schnell. Um 1950 zeigte die Arbeit von E. T. *Eady,* daß unter typischen Bedingungen, wenn keine Wolken und Niederschläge auftreten, die instabilsten Wellen diejenigen mit Wellenlängen von ca. 4000 km wären. Sie würden ihre Amplituden, d.h. die Nord-Süd-Auslenkungen im Windfeld, in etwa 40 Std. verdoppeln.

Die Kondensation von Wasserdampf und das Freisetzen von latenter Wärme in aufsteigender Luft haben einen wichtigen Einfluß auf die bevorzugte Wellenlänge und die Entwicklungszeit der baroklinen Wellen. *Eady* berechnete, daß, falls die anfängliche Störung ein 5 x 150 km großes Wolkengebiet produzierte, Wellenzyklonen mit Wellenlängen von ca. 1000 km am wahrscheinlichsten wären. Darüberhinaus würden sich die Störungsamplituden in etwa 14 Std. verdoppeln. Die berechneten Größen und Wachstumsraten befinden sich in annehmbarer Übereinstimmung mit den Beobachtungen. Der Theorie der baroklinen Wellen gemäß sind die Nord-Süd orientierten Störungen im Windgeschwindigkeitsfeld von Vertikalgeschwindigkeiten begleitet. Wenn Luft aufsteigt, muß es einen nach innen, zum Tief gerichteten Luftstrom geben, um die Aufwärtsströme zu unterhalten. Während die Luft konvergiert, entwickelt sie durch die Effekte der Erdrotation bei zunehmender Geschwindigkeit einen zyklonalen Drehsinn. Entsprechend dem Prinzip von der Erhaltung des Drehimpulses nimmt die Winkelgeschwindigkeit zu, wenn sich eine Masse ihrer Rotationsachse nähert. Dies ist das gleiche Prinzip, das eine Eisläuferin benutzt, wenn sie ihre Arme dichter an ihren Körper bringt, um sich schneller zu drehen.

In Gebieten mit absinkender Luft divergiert die Luft und ihre Drehung schwächt sich ab; manchmal entwickelt sich eine antizyklonale Zirkulation. Das bedeutet in der Nordhemisphäre eine Strömung im Uhrzeigersinn, die mit einem Hochdruckgebiet verbunden ist.

Während sich die Welle intensiviert, verstärken sich die aufsteigenden Strömungen und verursachen mehr Kondensation und Freisetzen von latenter Wärme. Das führt wiederum zu noch grösserer Intensivierung und der Konzentration des Druckfalls auf kleine Bereiche der Störung. Die Konsequenz ist eine Region geschlossener, nahezu kreisförmiger Isobaren, die für Zyklonen charakteristisch ist.

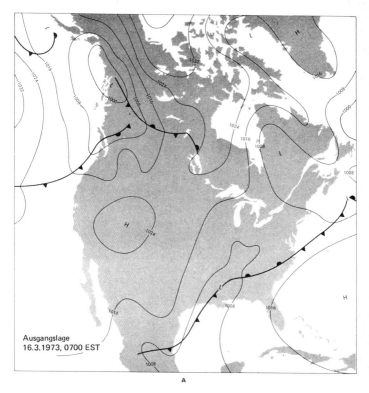

A

Abb. 4-5 Numerische Bodenvorhersage mit einem im täglichen Einsatz befindlichen mathematischen Modell. Mit freundlicher Genehmigung von F. G. Shuman und J.B. Hovermale, US National Weather Service, NOAA. Beachten Sie, daß das numerische Modell die sich rasch entwickelnden Zyklonen über dem Golf von Alaska und dem Osten der Vereinigten Staaten genau vorhergesagt hat. Letzteres Tief brachte im Gebiet der Grossen Seen mehr als 30 cm Schnee. (A) Ausgangslage am 16.3.1973 7.00 Eastern Standard Time (EST).

Die barokline Theorie erklärt die Entstehung von Zyklonen ohne Rückgriff auf die Existenz frontaler Grenzen zwischen kalter und warmer Luft. Eine der reizvollen Eigenschaften der baroklinen Theorie ist, daß sie Zyklonen und Antizyklonen als einen wesentlichen Teil der allgemeinen Zirkulation behandelt. Zyklonen und Antizyklonen bilden sich in der Weststörmung der

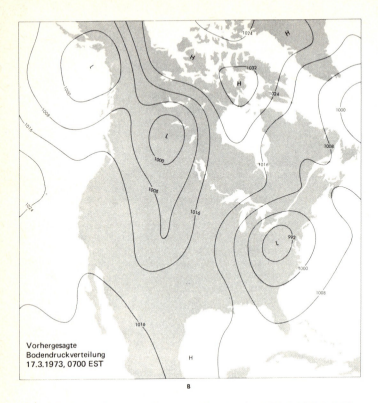

Abb. 4-5 (B) Vorhergesagte Druckverteilung für den **17.3.1973 7.00 EST.**
(Das Modell sagt keine Frontenlagen vorher.)

mittleren Breiten, weil andere Austauschmechanismen nicht ausreichen, um Wärmeenergie nordwärts zu transportieren. Bei Zunahme des Nord-Süd-Temperaturgradienten wird die Strömung der mittleren Breiten instabil. Sie bricht in zyklonale und antizyklonale Wellen zusammen, die dazu dienen, Wärme polwärts zu transportieren.

Es sollte angemerkt werden, daß die Theorie der baroklinen Wellen durch Anwendung mathematischer Methoden entwickelt wurde, die mit kleinen Störungen im Anfangszustand eines Vorganges arbeiten. Mit der Einführung sehr schneller elektronischer Rechner und der Entwicklung numerischer Analysenmethoden,

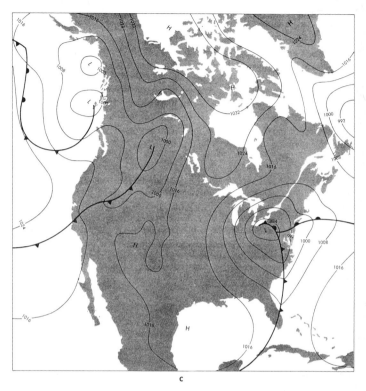

Abb. 4-5 (C) Beobachtete Situation am 17.3.1973, 7.00 h EST

ist es möglich geworden, theoretische Modelle für die gesamte Lebensgeschichte einer Zyklone anzuwenden.

Mit einigen Ausnahmen ist diese Vorgehen ähnlich dem bei der mathematischen Behandlung der allgemeinen Zirkulation, das in Kapitel 3 behandelt wurde. Beispielsweise ist es für Zeiträume bis zu mehreren Tagen nicht nötig, den Wechselwirkungen zwischen Ozean und Atmosphäre sowie den meteorologischen Verhältnissen auf der ganzen Erde Rechnung zu tragen.

Bei der Betrachtung der Entwicklung wandernder Zyklonen und Antizyklonen muß man die Bewegungsgleichung aufstellen, die die Beschleunigung in der Windgeschwindigkeit mit den Druck-

und Reibungskräften auf der rotierenden Erde verknüpft. In einem vollständigen Modell müssen Gleichungen enthalten sein, die dem Energietransfer durch Strahlung Rechnung tragen, sowie den Energieumwandlungen durch Kondensation und Verdunstung.

Der Erfolg bei der Vorhersage der Entstehung und des Wachstums von Zykonen über Nordamerika wird in Abb. 4—5 illustriert.

5   Wolken, Niederschlag und der Wasserkreislauf

Wie jedermann weiß, gibt es viele Wolkenarten. Einige Wolken sind flach, dünn und nahezu durchscheinend, einige haben die Form von Blumenkohlköpfen und sind leuchtend weiß, wieder andere sind dunkle, ominöse Wälle und scheinen manchmal mit einem flachen, grauen Amboß bedeckt. Manche bringen Regen oder Schnee oder sind die Quelle von starken Winden, Blitz und Donner, jedoch die meisten Wolken durchlaufen ihren Lebenszyklus ohne diese äußeren Erscheinungen. Der Aufbau, das Aussehen und die Bewegungen einer Wolke hängen von mehreren Eigenschaften der Atmosphäre ab, besonders der Vertikalgeschwindigkeit der Luft.

Der Aufbau der Wolken

Die meisten Wolken bestehen aus kleinen Wassertröpfchen, die durch Kondensation in einem aufsteigenden Luftvolumen heranwachsen. Die normale Reihenfolge der Ereignisse ist folgende: Wenn die Luft in der Atmosphäre aufsteigt, bewegt sie sich in Gebiete mit fortschreitend niedrigerem Luftdruck. Als Folge davon dehnt sie sich aus und kühlt sich ab (wie bereits in Kapitel 2 gesagt). Da sich die Masse des Wasserdampfes in dem aufsteigenden Luftvolumen nicht ändert, führt eine Herabsetzung der Temperatur zu einem Anstieg der relativen Feuchte der Luft. Dies folgt aus der Tatsache, daß die zur Sättigung der Luft benötigte Wasserdampfmenge abnimmt, wenn die Temperatur abnimmt.

Der Anstieg der Feuchte in einem aufsteigenden Luftvolumen kann ebenfalls durch die Änderung der Lufttemperatur und der **Taupunktstemperatur** registriert werden. Letztere Größe kommt zu ihrem Namen durch die Tatsache, daß Kondensation einsetzt, wenn die Lufttemperatur gleich der Taupunktstemperatur ist.

Bleibt die Luft in einer Höhe (z.B. am Erdboden) und wird der Luft kein Wasserdampf durch Verdunstung zugeführt, dann wird der Taupunkt durch Abkühlung der Luft erreicht. Das wird oftmals durch nächtliche Ausstrahlung herbeigeführt und führt zur Bildung von Tau auf den abgekühlten Oberflächen von Gras, Blättern und anderen Gegenständen.

Liegt der Sättigungspunkt unterhalb des Gefrierpunktes, dann kommt es zur Bildung von Raureif statt von Tau.

Wenn ein Luftvolumen mit der Temperatur T und der Taupunktstemperatur T_D aufsteigt, nehmen beide Temperaturen ab.

Wie in Kapitel 2 gesagt wurde, nimmt T um 1° C pro 100 m Höhe ab. Der Vertikalgradient von T_D ist geringer und beträgt etwa 0.2° C pro 100 m. Wenn ein Luftvolumen, das im Meeresniveau Werte von T = 20° und T_D = 12°C aufweist, aufsteigt, wird demzufolge in einer Höhe von 1000 m T gleich T_D werden. In dieser Höhe ist die Luft gesättigt und auf der Oberfläche von kleinen, in der Luft befindlichen Partikeln setzt Kondensation ein. Auf diese Weise beginnt eine Wolke sich zu bilden.

Die kleinen Partikel in der Luft, auf denen die Wolkenpartikel wachsen, werden **Kondensationskerne** genannt. Sie haben typische Durchmesser von etwa 0.1 Mikron (0,0001 cm) oder mehr und kommen in Konzentrationen von etwa 100 bis 1000 Teilchen pro Kubizentimeter Luft vor. Wie in Tabelle 1−2 gezeigt wurde, enthält die Atmosphäre eine sehr große Anzahl von Partikeln, aber die meisten von ihnen sind zu klein, um bei den in der Atmosphäre auftretenden Feuchten als Kondensationskerne zu dienen.

Kondensationskerne kommen von vielen Quellen; besonders von aufgewehtem Erdboden, Vulkanen, Schornsteinen und den Ozeanen. Zusätzlich bilden sich Kondensationskerne in der Atmosphäre durch chemische Reaktionen unter Einbeziehung von Gasen wie Schwefeldioxid und Stickstoffdioxid. Die förderlichsten Kerne sind **Hygroskopisch,** d.h. sie haben die ausgeprägte Fähigkeit, die Kondensation des Wassers zu beschleunigen. Beispiele hygroskopischer Kerne sind Säurepartikel und Meersalz. Die Kondensation auf gewöhnlichem Kochsalz, Natriumchlorid kann einsetzen, wenn die relative Feuchte nur 75 Prozent beträgt. Magnesiumchlorid ist sogar noch hygroskopischer und die Kondensation kann bei relativen Feuchten von unter 70 Prozent beginnen. In einem aufsteigenden Luftstrom gesättigter Luft wachsen die Wolkentröpfchen schnell, in wenigen Minuten können sie Durchmesser von 5 bis 10 μm erreicht haben. In einem starken Aufwärtsstrom kann die Kondensation nicht so schnell vorangehen wie Wasserdampf verfügbar gemacht wird. Als Folge davon wird die Luft **übersättigt.** In diesem Fall übersteigt die relative Feuchte 100 Prozent und kann bis zu 101 oder 102 Prozent ansteigen. Wolkentröpfchen wachsen weiter, solange die Luft übersättigt ist.

In einer gewöhnlichen Wolke variiert die Tröpfchengröße von wenigen μm bis zu villeicht 40−50 μm im Durchmesser. Diese Größen kann man sich veranschaulichen, wenn man sie mit dem Durchmesser eines menschlichen Haares vergleicht, das etwa 100 μm durchmißt.

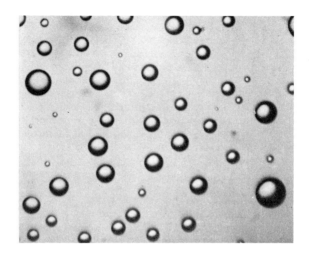

Abb. 5-1 Photographie von Wolkentröpfchen, die auf einem ölbeschichteten Mikroskop-Objektträger eingefangen wurden. Die größten haben einen Durchmesser von ca. 40 μm.

Obwohl sich alle Tröpfchen auf Kondensationskrenen irgendeiner Art bilden, ist das Wasser, aus dem die Tröpfchen bestehen, überraschend rein, denn Wasser ist sehr viel reichlicher vorhanden, als Kondensationskernmaterie. Wenn sich beispielsweise ein 50 μm großes Tröpfchen auf einem 0.1 μm großen Teilchen bildet, dann ist das Wasservolumen 125 Millionen Mal größer als das Volumen der Teilchenmaterie.

Die Reinheit des Wolkenwassers ist wichtig, denn sie erklärt die Tatsache, daß viele Wolken aus Wassertröpfchen zusammengesetzt sind sogar wenn die Temperatur unter den nominalen Gefrierpunkt von 0°C fällt. Solche Wolken werden **unterkühlt** genannt. Wie wir später sehen werden, dienen unterkühlte Wolken als physikalische Grundlage für viele Methoden der Wolken- und Wetterbeeinflussung, bei denen Wolkenbesäung angewendet wird.

Nicht alle Wolken bestehen aus Wassertröpfchen. Die meisten Wolken, die in Höhen gefunden werden, in denen die Temperaturen unter 0°C sind, bestehen aus Eiskristallen. Sogar diejenigen Wolken, die anfänglich unterkühlt sind, werden im allgemeinen aus natürlichen Gründen zu Eis umgewandelt, wenn sie hinreichend tiefe Temperaturen erreichen.

Extrem reines Wasser kann bis zu -40°C unterkühlt werden. Bei tiefen Temperaturen bildet sich Eis ohne Anwesenheit fremder Substanzen. Bei höheren Temperaturen, besonders zwischen -5° und -20°C, wenn Eis in der Atmosphäre gewöhnlich auftritt, wird die Eisbildung von Partikeln eingeleitet, die **Eiskerne** genannt werden. Tab. 5−1 führt die Temperaturen auf, bei denen Partikel verschiedener Substanzen Eiskristalle entstehen lassen. Es wird angenommen, daß natürliche Eiskerne hauptsächlich vom Erdboden stammen. Bestimmte Tone wie Kaolinite und Montmorillonite kommen häufig vor und sind wirksame Eiskerne, denn sie leiten den Eisbildungsprozeß zwischen -9° und -16° C ein.

Tabelle 5-1 Schwellentemperaturen, bei denen verschiedene Substanzen Eiskristalle produzieren.

Substanz	Temperatur (°C)
Trockeneis	0
Silberjodid	−4
Bleijodid	−6
In der Natur vorkommende	
Covellin	−5
Vaterit	−7
Magnetit	−8
Kaolinit	−9
Illit	−9
Haematit	−10
Dolomit	−14
Montmorillonit	−16

Quelle: B.J. Mason, The Physics of Clauds, Oxford University Press, 1972

Wie Tabelle 5−1 zeigt, erzeugen einige Substanzen Eiskristalle bei höheren Temperaturen, aber sie kommen in der Natur kaum vor. Wenn sich in einer Wolke einmal Eiskristalle gebildet haben, kann sich ihre Zahl durch Aufsplitterung bestehender Kristalle vermehren.

Die Kristalle können eine Vielzahl von Formen annehmen, die meist von der Temperatur und dem Dampfdruck der Luft abhängen (Abb. 5−2).

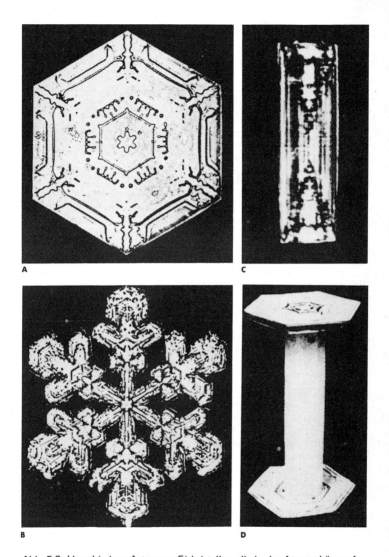

Abb. 5-2 Verschiedene Arten von Eiskristallen, die in der Atmosphäre auftreten. (A) Platten; (B) Dendrite; (C) Säulen; (D) Säulen, die mit Platten bedeckt sind. Aus W. A. Bentley und W. J. Humphreys, Snow Cristals, Dover Publications, Inc., 1962.

Eine bemerkenswerte Eigenschaft der Eiskristalle ist ihr hexagonaler Aufbau, der auf die hexagonale Struktur des H_2O Moleküls zurückzuführen ist. Manche Kristalle sind lange, hexagonale Säulen, andere sind flache, sechseckige Platten. Die schönsten sind die Dendriten, denn sie kommen in einer unbegrenzten Vielfalt von Formen mit komplizierten Strukturen vor, deren Anblick eine wahre Freude ist.

Wolkenarten

Im Laufe der Jahre wurde eine Anzahl von Methoden entworfen, um die Wolken zu klassifizieren. Die am weitesten verbreitete Klassifikation wurde von einem englischen Chemiker Luke *Howard*, im Jahre 1803 eingeführt, und ist diejenige, die von der WMO (World Meteorological Organization) angenommen wurde. Größtenteils werden die Wolken entsprechend ihres Aussehens eingeordnet. Im System der WMO gibt es auf der Grundlage der charakteristischsten Wolkenformen zehn Wolkenarten. Jede der zehn Arten erscheint in einer oder mehreren von 14 Unterarten, abhängig von Besonderheiten in der Form oder der inneren Struktur der Wolken. Zusätzlich sind sie weiter unterteilt entsprechend der Anordnung ihrer Teilstücke, Lichtdurchlässigkeit und anderer charakteristischer Merkmale.

Eine detaillierte Besprechung der großen Anzahl verschiedener Wolken würde über den Rahmen dieses Buches hinausgehen. Andererseits verdienen die Charakteristika bestimmter, häufig vorkommender Wolken einige Bemerkungen. Für die meisten Zwecke kann man die Wolken in drei Hauptgruppen einteilen: **Kumulus-, Stratus- und Cirruswolken** (Haufenwolken, Schichtwolken und Federwolken).

Kumuluswolken sind im allgemeinen einzelne, individuelle Wolken, die das Aussehen von aufsteigenden Wällen, Kuppeln oder Türmen haben. Sie entstehen durch konvektive Strömungen, deren Struktur durch das weiße, blumenkohlartike Aussehen der oberen Teile der Wolke erkennbar wird. Wenn eine Haufenwolke sich vergrößert, ändert sich ihr Name in **Cumulus Congestus** (aufgetürmte Haufenwolke). Wenn letztlich Regen zu fallen beginnt, wird sie zu einem **Cumulunimbus** (Abb. 5–3).

Solch eine Wolke produziert oftmals Blitz und Donner und wird daher manchmal auch Gewitterwolke oder Gewitter genannt.

Schichtwolken sind, wie der Name sagt, in flachen Schichten angeordnet. Wenn eine Wolke als gleichmäßig graue Schicht unterhalb einer Höhe von ein oder zwei Kilometern erscheint, wird sie

Stratus genannt. Tritt eine Wolke mit diesem Aussehen in größeren Höhen auf, wie in etwa drei oder vier Kilometern, dann wird sie **Altostratus** genannt. Eine Schichtwolke, die Regen oder Schnee bringt, wird **Nimbostratus** genannt.

Wenn viele cumuliforme Wolkenelemente in einer Schicht unterhalb von drei Kilometern angeordnet sind und die Einzelwolken recht groß erscheinen, wird das Ganze **Stratocumulus** genannt (Abb. 5–4). Liegt die Wolkenschicht zwischen drei und sechs Kilometern und erscheinen die einzelnen Wolken relativ klein, dann wird die Wolke **Altocumulus** genannt. (Abb. 5–5).

Cirruswolken bestehen meistens aus Eiskristallen und kommen gewöhnlich in großen Höhen vor (Abb. 5–6). Die Wolken haben oftmals die Form weißer, zarter Filamente. Wenn eine cirroforme Wolke als weißer Schleier auftritt, der faserig oder glatt ist und den größten Teil des Himmels oder den Himmel ganz bedeckt, dann wird sie **Cirrostratus** genannt. Eine derartige Wolke produziert manchmal ein **Halo**, einen kreisförmigen Lichtring, mit einem Durchmesser von 22° um die Sonne oder den Mond herum. Halos werden durch Lichtbrechung an Eiskristallen hervorgerufen, die die Form von sechseckigen Prismen haben. Manchmal zeigen die Halos Farbtönungen, die von Rot in der Innenseite bis nach Blau an der Außenseite reichen.

Gelegentlich sieht man eine Schicht von hohen Wolken, die aus vielen, sehr kleinen Wolkenelementen zusammengesetzt ist, die das Aussehen von Körnern oder kleinen Riffelungen haben (Abb. 5–7). Solche **Cirrocumuluswolken** nehmen bei Sonnenuntergang oftmals großartige rote Farbtönungen an.

Der blaue Anteil des Sonnenlichtes wird aus den Strahlen herausgestreut, wenn sie über lange Strecken durch wolkenlose Luft gehen, die sehr stark mit kleinen Aerosolteilchen angereichert ist. Manchmal ähnelt der Cirrocumulus den Schuppen der Makrelen, und im Englischen wird das Wort „Makrelenhimmel" („makerel sky") zur Beschreibung des Anblicks benutzt. (im Deutschen: „Schäfchenwolken" wegen der Ähnlichkeit mit einer Schafherde).

Gelegentlich ist die zeitliche Aufeinanderfolge bestimmter Wolken ein guter Indikator für Wetteränderungen, die wahrscheinlich in den nächsten ein oder zwei Tagen eintreten werden. Lange vor der Einführung staatlicher Wetterdienste benutzten Seeleute und Bauern Wolken- und Windbeobachtungen, um das Wetter vorauszusagen. Solche Beobachtungen sind besonders informativ während der Annäherung sich entwickelnder Zyklonen in den mittleren Breiten. Die Gründe dafür sind in Abb. 5–8 gezeigt, die einen Vertikalschnitt durch eine Zyklone darstellt, wie sie in Abb. 4–3 präsentiert wurde. Während sich die Warmfront annähert, kommen

14⁰⁶h MST ↑

13⁵⁶h MST ↑

14⁰¹h MST ↑

14¹¹h MST ↑

14¹⁶h MST ↑

Abb. 5-3 Die Entwicklung einer Kumulunimbuswolke. Die Zeit ist in Stunden und Minuten angegeben. (MST = Mountain Standard Time)

die Bodenwinde allgemein aus dem südlichen Quadranten; hoch am Himmel erscheinen Cirruswolken. Sie werden langsam durch eine Cirrostratusschicht ersetzt. Sie verdichtet sich, ihre Untergrenze sinkt ab und wird zu Altostratus, wenn die Bodenwarmluft näher rückt. Vielleicht einen Tag nach dem ersten Erscheinen des Cirrus beginnt Regen oder Schnee aus den sich senkenden dichten Nimbostratuswolken zu fallen.

Mit der Passage der Bodenwarmfront springt der Wind abrupt auf Südwest und die Temperatur steigt an. Der Himmel klart allmählich auf. Die Luft im Warmsektor kann recht feucht sein.

Abb. 5-4 Stratokumuluswolke. Mit frdl. Genehm. US Dept. of Commerce, NOAA.

Abb. 5-5 Altokumuluswolke, die wie eine gigantische Linse aussieht und daher Altocumulus lenticularis heißt. Mit frdl. Genehm. US Department of Commerce, NOAA.

Abb. 5-6 Zirruswolken. Mit frdl. Genehm. US Department of Commerce, NOAA.

Abb. 5-7 Cirrocumulus. Mit frdl. Genehm. US Dept. of Commerce, NOAA.

Manchmal treten verstreute cumuliforme Wolken und Cumulunimben auf. Das Auftreten von Altocumulusfetzen in großer Höhe signalisiert die Annäherung einer Kaltfront. Organisierte Bänder von Schauern und Gewittern treten oftmals vor oder entlang der Bodenkaltfront auf.

Wenn die durchzieht, springt der Wind auf Nordwest, nimmt im allgemeinen zu und wird boeig. Die Temperaturen können rasch absinken und der Himmel klärt sich auf, wenn kalte, trockene Luft über den Beobachtungsort hinwegströmt. Diese Beoschreibung gilt in erster Linie für Zyklonen über Nordamerika, besonders im Sommerhalbjahr. Zyklonen über Mitteleuropa weisen oftmals eine andere Struktur auf; so kommt es häufig vor, daß es erst nach Durchzug der Kaltfront zur Entwicklung von Schauern und Gewittern, manchmal auch zu Dauerregenfällen, kommt. Es kann dann ein bis zwei Tage dauern, bis der Himmel aufklart. Über Mitteleuropa ist die Luft im allgemeinen auch nicht warm und feucht genug zur Ausbildung von Gewittern im Warmsektor des Tiefs, häufig beobachtet man flache Stratus- und Stratocumuluswolken, aus denen manchmal etwas Sprühregen fällt.

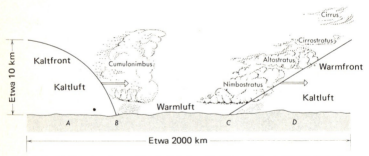

Abb. 5-8 Wolken in einer voll entwickelten Zyklone. Dieser Vertikalschnitt wurde entlang der Linie ABCD in Abb. 4-3 D durchgeführt. Beachten Sie, daß die vertikalen und horizontalen Maßstäbe nicht übereinstimmen.

Würde jedes zyklonische Wettersystem diesem simplen Schema folgen, dann wäre die Wettervorhersage einfach. Tatsächlich ändern sich die Verteilungen von Wolken, Wind und Niederschlag aber von Zykonen zu Zyklone. In einigen Fällen bewegen sich die Tiefs schnell und die Reihenfolge der Wetterereignisse nimmt ein oder zwei Tage in Anspruch. In anderen Fällen können Zyklonen über bestimmten Regionen festliegen und Regen oder Schnee können fast eine Woche andauern.

Die Entstehung von Regen, Schnee und Hagel

Obwohl Kondensation leicht Wolkentröpfchen erzeugt, kann sie unter normalen Bedingungen keine Regentropfen hervorbringen. Wenn ein Wolkentröpfchen einmal einen Durchmesser von einigen zehn μm erreicht hat, ist das Wasser so rein, daß die Kondensation nur andauern kann, wenn die Luft mit Wasserdampf übersättigt ist. Wenn sich aber die Luft der Sättigung nähert, gibt es viele relativ inaktive Kondensationskerne, die nun aktiviert werden können. Unter diesen Umständen kondensiert der verfügbare Wasserdampf auf den kleineren, neu gebildeten Tröpfchen statt auf den existierenden größeren. Solange eine große Anzahl von Kondensationskernen verfügbar ist, und das ist nahezu immer der Fall, kondensiert der verfügbare Wasserdampf auf so vielen Partikeln, daß wenige Tröpfchen einen größeren Durchmesser als 50 μm haben, und die meisten sind viel kleiner. Regentropfen sind gewöhnlich 10 bis 100 mal so groß.

Für die meisten Zwecke kann man annehmen, daß die typischen Wolkentröpfchen- und Regentropfendurchmesser 20 bzw. 2000 μm betragen und typische Konzentrationen von Wolken und Regentropfen 100 Tröpfchen pro cm^3 bzw. 100 Tropfen pro m^3 sind. Da das Volumen einer Kugel

$$\frac{\pi}{6} \cdot D^3$$

ist, wobei D der Durchmesser der Kugel ist, entspricht die Wassermenge in einem einzigen solchen Regentropfen der Menge von etwa einer Million Wolkentröpfchen.

Es gibt zwei prinzipielle Mechanismen, durch die Niederschlagspartikel in der Natur erzeugt werden. Der erste, genannt der **Koagulationsprozeß**, beinhaltet die Kollision und Verschmelzung von Wassertröpfchen, die mit unterschiedlicher Geschwindigkeit sinken. Dies ist der Fall, weil die größeren Wolkentröpfchen schneller sinken als die kleinen (Tab. 5−2) und manchmal mit ihnen kollidieren. Die Wahrscheinlichkeit einer Kollision hängt von der relativen Größe der Tröpfchen ab. Wenn in einer Wolke, die meist aus Wasserteilchen mit einer Größe kleiner als 20 μm zusammengesetzt ist, einige Tröpfchen mit einer Größe von 40−50 μm vorkommen, dann ist die Kollisionshäufigkeit beachtlich und nimmt zu, wenn die größeren Tropfen wachsen.

Interessanterweise zeigen Laborexperimente, daß unter bestimmten Umständen Wassertröpfchen kollidieren ohne miteinander zu verschmelzen. Stattdessen prallen sie voneinander ab. Anscheinend verhindert eine dünne Schicht von Luftmolekülen, daß die Wassermoleküle in Kontakt geraten, und Oberflächenspannungskräfte geben dem Tröpfchen die Elastizität, die große Deformationen möglich macht, ohne ein Aufbrechen der Wasserpartikel herbeizuführen. Einige Experimente haben jedoch gezeigt, daß relativ kleine elektrische Felder dazuführen können, daß im wesentlichen allen Kollisionen die Verschmelzung folgt.

Tabelle 5-2 Fallgeschwindigkeiten von Wassertropfen in ruhender Luft in Meereshöhe. (Aus: R.J. List, Smithonian Meteorological Tables. Sechste Ausgabe, 1958. R. Gunn und G. D. Kinzer, Journal of Meteorology, 1949 Bd. 6, 243-248.)

	Durchmesser (μm)	Fallgeschwindigkeit (cm sec^{-1})
	1	0.004
	5	0.076
Wolkentropfen	10	0.30
	50	7.6
	100	30.
	500	206.
	1,000	403.
Regentropfen	2,000	649.
	3,000	806.
	5,000	909.

Es gibt keinen Zweifel daran, daß in relativ kleinen konvektiven Wolken über den tropischen Ozeanen der Regen gänzlich durch den Koagulationsprozeß erzeugt wird. Es wird oftmals beobachtet, daß Wolken, deren Untergrenzen sich in einer Höhe von etwa 600 m befinden, Regen bringen, wenn ihre Obergrenze eine Höhe von 3 km erreicht, in der die Temperatur etwa +7°C beträgt. Der Verschmelzungsprozeß spielt bei der Regenerzeugung in vielen anderen Wolken ebenso eine Rolle, aber seine Bedeutung ist schwer einzuschätzen, da einige andere Prozesse ebenfalls am Werke sein können.

Ein großer Teil des Niederschlags auf der Erde fällt in der Form von Schnee oder Regentropfen, die aus schmelzenden Schneeflocken stammen. Eine Untersuchung der Schneeflocken zeigt, daß sie große Eiskristalle sind oder oftmals Anhäufungen von Eiskristallen. Der Prozeß, durch den sie sich bilden, wurde ungefähr im Jahre 1930 durch den berühmten skandinavischen Meteorologen Tor *Bergeron* ausführlich studiert, und später wurden die

Studien von W. *Findeisen* in Deutschland weitergeführt. Der sogenannte **Bergeron-Findeisen-Prozeß** hat seine Grundlage in der Tatsache, daß, wenn Wassertröpfchen und Eiskristalle bei Temperaturen unter dem Gefrierpunkt nebeneinander existieren, die Kristalle wachsen, während die Tröpfchen verdunsten. Dies ist der Fall, weil der Sättigungsdampfdruck über Wasser größer ist als der Sättigungsdampfdruck über Eis bei der gleichen Temperatur unter dem Gefrierpunkt, wie es in Abb. 5−9 gezeigt ist. Als Folge tritt eine Druckkraft auf, die Wassermoleküle vom Wasser zum Eis treibt.

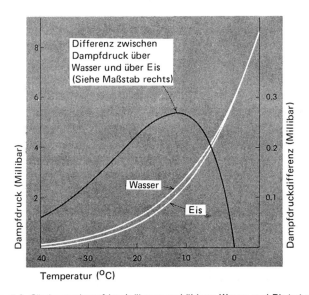

Abb. 5-9 Sättigungsdampfdruck über unterkühltem Wasser und Eis bei gleicher Temperatur unter dem Gefrierpunkt (Maßstab zur Linken) und die Differenz zwischen ihnen (Maßstab zur Rechten).

Wie früher gesagt wurde, kommen unterkühlte Wolken oft in der Atmosphäre vor. Wenn Eiskristalle in solche Wolken gebracht werden, vielleicht durch einige wirkungsvolle Eiskerne, ändert sich möglicherweise die Stabilität des Wolkensystems plötzlich. Die Eiskristalle wachsen rasch an, während die Wassertröpfchen verdunsten. In einigen Fällen erreichen die Kristalle in wenigen Minuten Durchmesser von einigen Hundert μm. Während sie wachsen, beginnen sie durch die Wolke zu fallen und mit unterkühlten Tröpfchen und mit anderen Eiskristallen zu kollidieren. Die Tröpfchen können durch Kontakt gefrieren und die Kristalle können gegenseitig zusammenhaften. Auf diese Weise können Schneeflocken erzeugt werden. Wenn die Lufttemperaturen tief genug sind, können die Schneeflocken den Erdboden erreichen. In vielen Fällen ist die Temperatur der Luft in Erdbodennähe jedoch hoch genug um die Schneeflocken schmelzen zu lassen und als Folge davon kommt es zu Regen. In gebirgigen Gegenden ist es üblich Schnee in großen Höhen zu sehen und Regen in den Tälern.

In manchen winterlichen Schlechtwettersystemen kommt es zu starken Temperaturinversionen in den untersten ein oder zwei Kilometern der Atmosphäre, wodurch besonders gefährliche Formen von Regen hervorgerufen werden (Abb. 5–10). Die Schneeflocken können schmelzen, wenn sie durch die warme Schicht fallen, die Temperaturen über 0°C aufweist. Die Wassertropfen werden dann unterkühlt, wenn sie durch die kalte Luft hindurchgehen. Wenn das unterkühlte Wasser dann auf dem kalten Erdboden und anderen Objekten wie Automobilen, Bäumen und Stromleitungen auf-

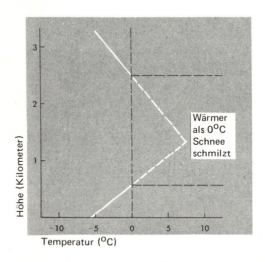

Abb. 5-10 Schneeflocken schmelzen, wenn sie durch warme Schichten fallen, in denen die Temperaturen 0°C überschreiten. Wenn die flüssigen Regentropfen durch Luftschichten mit Temperaturen unter dem Gefrierpunkt in Erdbodennähe fallen, können sie unterkühlt werden und bei Kontakt mit dem kalten Erdboden gefrieren.

tritt, gefriert es sehr schnell. Dieser **gefrierende Regen** überzieht alles mit einer Schicht harten, soliden Eises. Das angehäufte Eis kann weitverbreitete Schäden an der Pflanzenwelt verursachen und zu sehr gefährlichen Verkehrsbedingungen führen (Abb. 5–10).

Wenn fallende Eiskristalle auf große Mengen unterkühlter Tropfen treffen, dann können die daraus entstehenden, gefrorenen Partikel die Form von kleinen Eiskörnern haben. Sie können auch entstehen, wenn unterkühlte Regentropfen gefrieren.

Abb. 5-11 Die Auswirkungen gefrierenden Regens. Mit freundlicher Genehmigung des US Dept. of Commerce, NOAA und der New York Power and Light Co.

In einer Cumulunimbuswolke mit starken Aufwärtsströmungen und großem Nachschub an unterkühltem Wasser können die Eiskörner zu Hagel werden. In extremen Fällen erreichen die Hagelkörner nahezu unglaubliche Größen (so groß wie eine Apfelsine) und sind charakterisiert durch abwechselnde Schichten von beinahe durchsichtigem und milchigem Eis. Um das Auftreten dieser Hagelsteine zu erklären, ist es nötig, Mechanismen zu finden, mit deren Hilfe sich das Korn über eine beträchtliche Zeit hinweg in einer unterkühlten Wolke halten kann. Mehr zu diesem Thema wird im nächsten Kapitel gesagt werden.

Der Wasserkreislauf

Da das Leben auf der Erde so entscheidend von einem ausreichenden Wasservorrat abhängig ist, haben Geowissenschaftler dem Austausch und den Umwandlungen des Wassers zwischen der Atmosphäre, den Ozeanen und den Kontinenten viel Aufmerksamkeit zugewandt. Das Gesamtbild wird der **Wasserkreislauf** genannt (Abb. 5-12).

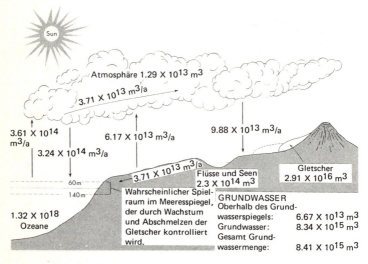

Abb. 5-12 Die Hydrosphäre und der Wasserkreislauf. Aus B. J. Skinner, Earth Resources, Prentice-Hall, 1969

Obwohl es auf der Erde sehr viel Wasser gibt, ist das meiste davon mit Salz versetzt und in den Ozeanen enthalten. Dies ist in Tab. 5-3 gezeigt.

Soweit es menschliche Wesen angeht, besteht der lebenswichtige Wasservorrat aus den relativ kleinen Mengen, die in Flüssen, Seen und im Grundwasser enthalten sind und zwischen der Atmosphäre und den Kontinenten zirkulieren. In diesem Kapitel haben wir einen Teil des Wasserkreislaufs behandelt – die Bildung von Wolken und Niederschlägen. In Kapitel 1 wurde ein anderer Teil des Ganzen untersucht, nämlich die Verdunstung aus den Ozeanen. Eine vollständige Besprechung dieses Themas könnte einen ganzen Band beanspruchen, aber der Platz gestattet nur die

Tabelle 5-3 Abschätzungen des auf der Erde vorhandenen Wassers. (Aus B.J. Skinner, Earth Resources, Prentice-Hall, 1969.)

	Wasservolumen (m^3)	Prozent der Gesamtwassermenge
Ozeane	1.32×10^{18}	97.2
Kontinente		
Eiskappen und Gletscher	2.91×10^{16}	2.15
Grundwasser	8.33×10^{15}	0.62
Frischwasserseen	1.25×10^{14}	0.009
Salzseen und Binnenmeere	1.06×10^{14}	0.008
Im Erdreich, oberhalb des Grundwasserspiegels gespeichertes Wasser	6.81×10^{13}	0.005
Mittel in Flußläufen	1.14×10^{12}	0.0001
Atmosphäre	1.29×10^{13}	0.001
Gesamtmenge	1.36×10^{18}	

kurze Darlegung einiger wichtiger Aspekte. Der Wasserkreislauf verfolgt und erklärt den Weg des Wassers, wenn es in die Atmosphäre eintritt als Folge von Verdunstung meist von den Ozeanen aber auch aus Seen, Flüssen, feuchten Böden und als Transpiration von Pflanzen (s. Abb. 5–12).

Über die gesamte Erde gemittelt beträgt die in einem durchschnittlichen Jahr in die Atmosphäre gelangte Wassermenge etwa 100 cm. Diesen Wert kann man aus den Daten in Tabelle 5–4 erhalten, denn die Ozeane bedecken etwa 70 Prozent der Erdoberfläche ($0.70 * 125$ cm Jahr^{-1} + $0.31 * 41$ cm Jahr^{-1} = 100 cm Jahr^{-1}). Wie in Abb. 5–13 gezeigt wird, verdunstet der größte Teil des Wassers in den warmen äquatorialen und tropischen Regionen, besonders entlang der Breitenkreise 20° Nord und Süd. Dies sind die Gürtel der semipermanenten Antizyklonen, in denen Absinkvorgänge warme, trockene Luft abwärts tragen.

Der Wasserdampf wird in der Atmosphäre durch turbulente und konvektive Strömungen aufwärts transportiert und von den Wolken über weite Entfernungen getragen. Wenn genügend starke und beständige Aufwärtsströmungen auftreten, können Wolken und Niederschläge entstehen. Das Ergebnis ist, daß das Wasser zur Erdoberfläche zurückkehrt. Da sich die durchschnittliche Wasserdampfmenge, die in der Atmosphäre zurückgehalten wird, nur wenig ändert, muß die mittlere jährliche Niederschlagsmenge auf der Erde gleich der Verdunstung sein.

Tabelle 5-4 Jährliche Wasserbilanz der Ozeane und Kontinente in Zentimetern pro Jahr. (Aus: W. Sellers, Physical Climatology, Univ. of Chicago Press, 1965).

	Verdunstung	Niederschlag	Gesamtabfluss
Ozeane	**V**	**N**	**GA**
Atlantischer Ozean	104	78	−26
Indischer Ozean	138	101	−37
Pazifischer Ozean	114	121	7
Arktischer Ozean	12	24	12
Alle Ozeane	125	112	−13
Kontinente	**E**	**P**	**TR**
Europa	36	60	24
Asien	39	61	22
Nordamerika	40	67	27
(Vereinigte Staaten)	56	76	20
Südamerika	86	135	49
Afrika	51	67	16
Australien	41	47	6
Antarktis	0	3	3
Alle Kontinente	41	72	31

Daher beträgt die mittlere jährliche Niederschlagsmenge ungefähr 100 cm, eine Menge, die die Höhe des in der Atmosphäre befindlichen Wasserdampfes zu jeder Zeit bei weitem übersteigt.

Würde der Wasserdampf kondensieren, der sich in einer vertikalen Säule befindet, die sich vom Erdboden bis zur Obergrenze der Atmosphäre erstreckt, so ergäbe sich im Mittel eine etwa drei Zentimeter hohe Wasserschicht. Da in 365 Tagen ca. 100 cm Niederschlag fallen, ist die durchschnittliche Niederschlagsrate auf der ganzen Erde rund 0.27 cm pro Tag. Bei dieser Rate würden die 3 cm Wasserdampf 11 Tage brauchen um auszufallen. Dieser Wert ist als die **Mittlere Umschlagsrate** oder **Verweilzeit** des Wasserdampfes bekannt. Dieses Ergebnis legt die Vermutung nahe, daß Wasserdampf, der an einem Ort in die Atmosphäre eintritt, wahrscheinlich über Regionen ausfällt, die weit von seinem Ursprung entfernt liegen, denn die Winde werden den Wasserdampf in 11 Tagen über weite Strecken hinwegtransportieren.

Die breitenkreismäßige Verteilung des Niederschlags über der ganzen Erde ist in Abb. 5–13 gezeigt.

Wie erwartet gibt es ein ausgesprochenes Maximum über den äquatorialen Gebieten, wo es häufig zu Gewittern kommt, die mit der Innertropischen Konvergenzzone zusammenhängen. Niederschlagsminima sind mit der absinkenden Luft in den subtropischen Antizyklonen zwischen den Breitenkreisen 20 und 30° verknüpft.

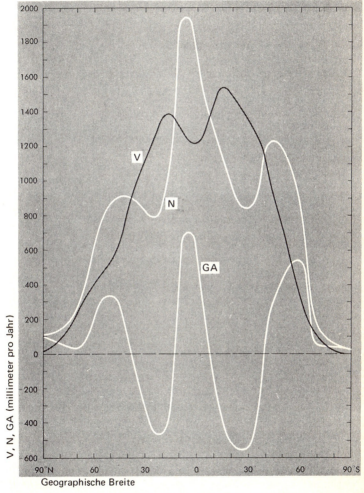

Abb. 5-13 Die mittlere jährliche breitenkreismäßige Verteilung von Verdunstung (V), Niederschlag (N) und Gesamtabfluss (GA). Aus W. D. Sellers, Physical Climatology, University of Chicago Press, 1965.

Sekundäre Niederschlagsmaxima in mittleren Breiten sind größtenteils auf wandernde Tiefdruckgebiete zurückzuführen. Wie aus Tabelle 5—4 und in Abb. 5—12 zu ersehen ist, tritt über den Ozeanen mehr Niederschlag auf als über dem Land. Wenn man sich nochmals in Erinnerung zurückruft, daß die Ozeane rund 70 Prozent der Erdoberfläche bedecken, findet man, daß nur etwa 21 Prozent allen Regens und Schnees über den Kontinenten fällt. Ein Teil davon befeuchtet den Boden und die Vegetation und verdunstet dann wieder. Ein Teil des Wassers läuft von den Kontinenten in Flüssen und Bächen ab und kehrt zum Ozean zurück. Ein kleiner Bruchteil sickert auch in den Boden ein um die Grundwasserreservoire aufzufüllen und den Fluß zwischen dem Erdreich und dem Gestein in Gang zu halten.

Die Differenz zwischen Niederschlag und Verdunstung wird der Gesamtabfluß (GA) genannt und wird in Abb. 5—13 und Tabelle 5—4 angegeben. Ein negativer GA bedeutet, daß die Verdunstung größer ist als der Niederschlag, und Überschüsse in einigen Gebieten müssen die Defizite in anderen ausgleichen, um langfristig ein Gleichgewicht aufrechtzuerhalten. Beispielsweise ist über dem arktischen Ozean der Niederschlag größer als die Verdunstung und des überschüßige Wasser fließt in den Atlantik, um das Niederschlagsdefizit auszugleichen. Über allen Kontinenten, besonders über Südamerika, übersteigt der Niederschlag die Verdunstung und der Gesamtabfluß gleicht das Gesamtniederschlagsdefizit über den Ozeanen aus. Beachten Sie, daß der Unterschied zwischen 0.7*13 cm und 0.30*31 cm als vernachläßigbar gering angesehen werden kann, wenn die Unsicherheiten in der Abschätzung berücksichtigt werden.

Es sollte bedacht werden, daß sich die in diesem Abschnitt angegebenen Mengen auf globale Mittelwerte beziehen. Sie legen einen Grad an Beständigkeit zugrunde, den man wahrscheinlich in Zeiträumen von mehreren Jahrzehnten findet. Wie wir später sehen werden, kann es während vielleicht eines halben Jahrhunderts bedeutende Änderungen in der Temperatur der Erde geben, die von Veränderungen in der allgemeinen Zirkulation und der im Seeis und in den Gletschern enthaltenen Wassermenge begleitet sind. Gleichzeitig würde es zu lebensbedrohenden Veränderungen im Wasserkreislauf kommen. Da die Versorgung mit Süßwasser im menschlichen Leben eine entscheidende Rolle spielt, ist es notwendig, das Ausmaß zu untersuchen, in dem sich die planetarische Wasserbilanz ändert, wenn sich das Klima ändert und in Erfahrung zu bringen, ob menschliche Aktivitäten irgendeine Auswirkung auf das Klima haben.

6 Schwere Unwetter

Wettersysteme, die Wolken, Niederschläge und manchmal starke, böige Winde hervorbringen, können Schlechtwettersysteme genannt werden. Die meisten von ihnen bringen wesentlich mehr Nutzen als Schaden. Sie bringen Schnee oder Regen zur Bewässerung wachsender Vegetation und um Seen und Reservoire mit frischem Wasser zu füllen, das für eine große Anzahl menschlicher Aktivitäten benötigt wird.

Unglücklicherweise können bestimmte Schlechtwettersysteme auch sehr viel Schaden anrichten. Zum Beispiel kann ein starkes winterliches Tiefdruckgebiet extremen Frost, sehr viel Schnee und starke Winde bringen. Wenn solche Blizzards auftreten, können sie für Mensch und Tier verherrend sein. Weidendes Vieh kann von der Außenwelt abgeschnitten werden und sich zu Tode hungern oder frieren. Ganze Gemeinden können von lebenswichtiger Versorgung abgeschnitten werden.

Schwere Schneestürme haben wenigstens die angenehmere Eigenschaft, daß sie mit vernünftigem Exaktheitsgrad vorhergesagt werden können und sich relativ langsam bewegen. In den meisten Fällen können Schritte eingeleitet werden, um den Verlust an Leben, besonders an menschlichem Leben zu mindern. Andererseits entwickeln sich bestimmte Unwettersysteme so schnell und sind so klein und kurzlebig, daß es schwierig ist, sie genau vorherzusagen. Die besten Beispiele sind heftige Hagelgewitter und Tornados, die manchmal mit furchteinflößender Geschwindigkeit zuschlagen. In wenigen Minuten kann ein Hagelunwetter ein Getreidefeld zerstören und ein Tornado kann eine Anzahl von Gebäuden niederreißen und Tote und Verwundete hinterlassen.

Eine noch andere Art von Unwettern sind der Hurrikan und seine Gegenstücke in anderen Teilen der Welt. Diese intensiven tropischen Tiefdruckgebiete, obgleich sie nicht die konzentrierte Energie eines Tornados aufweisen, sind größer, längerlebig und können viel mehr Schaden anrichten an Hab und Gut und mehr Leben kosten als ein Tornado. In diesem Kapitel werden wir einige der Eigenschaften von Gewittern, Tornados und Hurrikanen untersuchen, die alle in die Kategorie der schweren Unwetter fallen und bei denen konvektive Prozesse eine wichtige Rolle spielen.

Gewitter

Wie in Kap. 2 gesagt wurde, ist die Atmosphäre labil geschichtet, wenn die Temperatur rasch mit der Höhe abnimmt und die Luft feucht ist. Auf diese Bedingungen trifft man sehr häufig in maritimer Tropikluft. Wenn ein hinreichend großes Volumen solcher Luft in aufwärts gerichtete Bewegung versetzt wird, durch eine voranwandernde Front oder ein orographisches Hindernis beispielsweise, dann wird eine konvektive Strömung in Bewegung gesetzt. Während die Luft aufsteigt, beschleunigt sie sich, denn sie ist wärmer als ihre Umgebung. Wenn Kondensation einsetzt und die latente Verdampfungswärme freigesetzt wird, verursacht der zusätzliche Auftrieb eine zusätzliche Beschleunigung. Während die Luft weiter aufsteigt nimmt die Größe der Wolke zu.

Die Höhe einer konvektiven Wolke hängt vom vertikalen Temperaturgradienten, der Feuchtigkeit der Luft und der Größe des aufsteigenden Luftvolumens ab. Falls es in der Höhe eine Temperaturinversion gibt, kann diese als stabiles Hindernis wirken, das weitere Konvektion verhindert. In manchen Fällen beschleunigt sich der Aufwärtsstrom, bis er die stabile Schicht an der Untergrenze der Stratosphäre in Höhen bis zu rund 15 km erreicht. Häufiger erstrecken sich Gewitter bis zu einer Höhe von etwa 10 km und werden oftmals mit Amboßwolken überragt, die aus Eiskristallen bestehen und aus dem Wolkenzentrum heraus und von ihm wegwehen.

Obwohl Gewitter viele Größen, Formen und Strukturen annehmen, kann man sie in zwei weitgefaßte Kategorien einteilen: lokale oder Luftmassengewitter und organisierte Gewitter.

Lokale Gewitter werden am besten durch recht isolierte Gewitter typifiziert, die eine kurze Lebensdauer haben – meist weniger als eine Stunde. Sie wurden Ende der vierziger Jahre unter der Leitung des namhaften amerikanischen Meteorologen Horace R. *Byers* im Rahmen des „Thunderstorm Project" im Detail untersucht. Auf der Grundlage von Erkundungsflügen Radarbeobachtungen und anderen Messungen, wurde postuliert, daß solche Gewitter aus einer oder mehreren Zellen bestehen, die einem dreistufigen Lebenszyklus folgen, der in Abb. 6–1 schematisch dargestellt ist.

In der Cumulusphase dominieren in der Wolke Aufwärtsströme und sie enthält wachsende Wolken- und Niederschlagspartikel. Während sich die Wolke vergrößert, werden die Aufwärtsströme stärker und häufiger. In den oberen Teilen der Wolke, in denen der Auftrieb gering ist und große Mengen von Eis und Wasser existieren, wird eine Abwärtsströmung eingeleitet. Sie dehnt sich in der Wolke nach unten und zur Seite hin aus, und im Reifestadium enthält die Wolke Aufwärts- und Abwärtsströme. Währenddessen tritt am Boden starker Regen auf. Im Endzustand wird die Wolke durch schwache Abwärtsströmungen und leichten Regen charak-

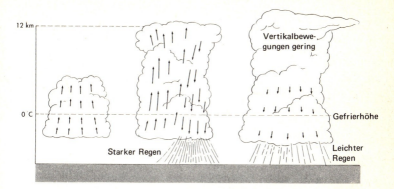

Abb. 6-1 Das Kumulus-, Reife- und Auflösungsstadium eines einzelligen Gewitters. Nach H. R. Byers und R. R. Braham, Jr., The Thunderstorm, 1949.

terisiert. Unter der Wolke beginnend, sogar noch bevor der Regen den Boden erreicht, trifft die abwärtsströmende Luft am Boden auf und breitet sich rasch nach außen aus. Die Luft, die ihren Ursprung hoch in den Wolken hat, ist kühl und feucht und kann, abhängig von der Stärke der Höhenwinde und der Abwärtsströmungen, mit sehr großer Geschwindigkeit wehen und sehr böig sein. Sie bewegt sich vor dem Gewitter her, manchmal mit Geschwindigkeiten, die 30 m sec^{-1} überschreiten, und ist in der Lage, sehr viel Schaden an Vegetation und Gebäuden anzurichten.

Im Innern der Wolke können die Auf- und Abwärtsströme recht stark und turbulent sein, wie jeder Verkehrspilot bestätigen kann. Eine 25 m sec^{-1} starke Aufwärtsströmung wurde von einem Flugzeug des ‚Thunderstrom Projects' gemessen, als es in ungefähr 5 km Höhe durch ein Gewitter flog; aber es wurden noch stärkere Strömungsgeschwindigkeiten gemessen und berechnet.

Obwohl manche isolierte Gewitter über dem trockenen Südwesten der USA so geringen Regen hervorbringen, daß er verdunstet, noch bevor er den Erdboden erreicht, bringen die meisten lokalen Gewitter genügend Regen, um die Ernte zu bewässern und einen heißen Sommertag abzukühlen. Abgesehen von den gelegentlichen zerstörerischen unter dem Gewitter herauswehenden Winden, ist der Blitz das einzige, vor dem man sich fürchten muß.

Wie wir seit den Tagen von Benjamin *Franklin* wissen, ist der Blitz eine gigantische elektrische Entladung. In den vergangenen 2 Jahrhunderten haben wir sehr viel über Gewitterelektrizität und

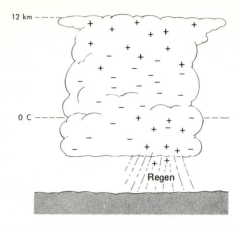

Abb. 6-2 Schematische Darstellung der elektrischen Ladungsverteilung in einem reifen Gewitter.

Blitze erfahren, aber bestimmte, entscheidende Fragen sind noch immer ohne zufriedenstellende Antwort. Es wird jetzt weitgehend akzeptiert, daß der obere Teil eines Gewitters überwiegend positiv und der untere Teil meist negativ geladen ist, wie in Abb. 6−2 gezeigt. Ein kleineres, positiv geladenes Zentrum wird oftmals in der Regenregion in Erdbodennähe gefunden.

Überraschenderweise gibt es zwischen den Experten immer noch sehr viele Meinungsverschiedenheiten über den prinzipiellen Mechanismus durch den in einem Gewitter die elektrische Ladung getrennt wird. Die meisten Autoritäten sind der Ansicht, daß die Ladungstrennung eine Folge von Wechselwirkungen zwischen Eispartikeln und unterkühlten Wassertropfen ist. Andererseits vertritt eine kleine Gruppe von Wissenschaftlern die Auffassung, daß die Ladung durch selektives Einfangen und selektiven Transport kleiner positiver und negativer Ionen durch Wolkentropfen getrennt wird.

Organisierte Gewitter

Wenn ein Gewitter oder eine Gruppe von ihnen organisiert genannt wird, so impliziert dies, daß solche Gewitter längerlebig sind als typische lokale Gewitter. Tatsächlich haben einige Meteorologen den Begriff „quasi steady state" benutzt, um darauf hin-

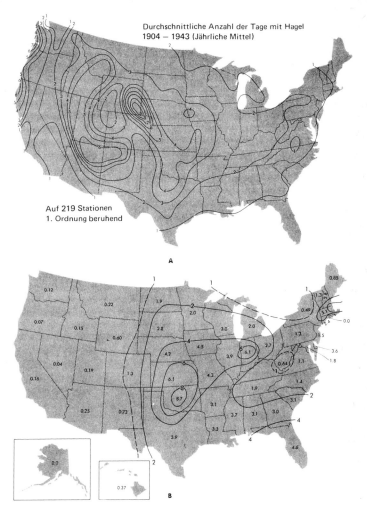

Abb. 6-3 (A) Durchschnittliche Anzahl der Tage mit Hagel während des Zeitraums 1904 − 1943. Berichte von der Westküste sind mehr als Eiskerne zu betrachten und im allgemeinen nicht größer als 5 mm im Durchmesser. Aus: Hydrometeorological Report No. 5, U.S. Weather Bureau, 1947. (B) Mittlere jährliche Anzahl von Tornados pro 10000 Quadratmeilen, nach Staatsdurchschnittswerten der Jahre 1953 − 1970. Quelle: US National Weather Service.

zudeuten, daß sich die Eigenschaften des Gewitters nur langsam ändern.

Die meisten der Gewitter, die in die Klasse der organisierten fallen, sind diejenigen, die sich in Linien oder Bändern anordnen und manchmal „Squall lines" genannt werden. Sie entstehen oftmals entlang einer Kaltfront oder davor und nahezu parallel zu ihr.

Diese Gewitterbänder wandern durch den Warmsektor von Zyklonen mit Geschwindigkeiten, die oftmals größer sind als die Geschwindigkeit der Kaltfront. Entlang ihres Weges können diese Unwetter lange Hagelschwaden hinterlassen und manchmal Tornados hervorrufen.

Die Karten in Abb. 6—3 zeigen die jährliche Häufigkeit dieser Phänomene über den USA. Sie sind ein Maß für die relative Häufigkeit von schweren organisierten Gewittern.

Es wurden verschiedene physikalische Modelle für organisierte Gewitter konstruiert. Unglücklicherweise beruhen die meisten von ihnen auf begrenztem Beobachtungsmaterial. Eines der am besten bekannten Modelle ist in Abb. 6—4 gezeigt. Die Darstellung zeigt die Luftströmungen in Bezug auf ein Gewitter, das sich in einer Umgebung gebildet hat, in der die westlichen Winde mit der Höhe zunehmen. Die Luft tritt von der Front her in das Gewitter ein und folgt einer nach oben geneigten Bahn. Wolken- und

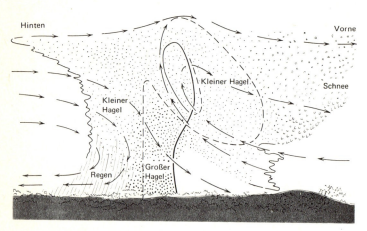

Abb. 6-4 Vereinfachte Version des Hagelunwettermodells nach Keith A. *Browning* und Frank A. *Ludlam* vom Imperial College in London. Die Pfeile zeigen die Luftbewegungen auf die Wolke bezogen an.

Niederschlagsteilchen bilden sich und wachsen in der Aufwärtsströmung. Kleine Eispartikel finden sich im oberen, unterkühlten Teil der Wolke. Einige von ihnen fallen als Regen oder kleiner Hagel aus. Andere werden in der Wolke nach oben und vorne getragen und fallen dann in die Aufwärtsströmung zurück und durchlaufen nochmals die Region unterkühlten Wassers, in der sie wieder grösser werden. Einige Hagelsteine vollführen mehrere Durchläufe durch die Aufwärtsströmung, bei jedem Mal größer werdend, bis sie zu groß werden, um von der Aufwärtsströmung getragen zu werden und aus der Wolke herausfallen.

Dieses Modell kann anscheinend das Auftreten von große Hagelkörnern erklären — je größer und beständiger die Aufwärtsströmung, desto größer können die Hagelkörner werden.

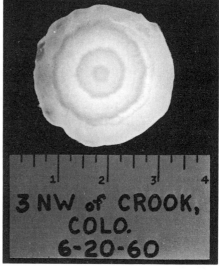

Abb. 6-5 (A) Dünne Scheibe, aus einem großen, 4.5 cm durchmessenden Hagelkern herausgeschnitten und in durch das Eis hindurchgeführtem, polarisierten Licht photographiert. Dieses Verfahren zeigt individuelle Eiskristalle in den Hagelkörnern. Die Gebiete mit kleinen Eiskristallen entsprechen milchigem Eis, die Regionen mit großen Kristallen sind klares Eis. Mit frdl. Geneh. von Vincent J. *Schäfer*, State University of New York at Albany. (B) Dünne Scheibe eines anderen Hagelkorns, etwa 4.5 cm durchmessend in gewöhnlichem Licht photographiert. Mit frdl. Geneh. R. *Schleusener*, South Dakota School of Mines and Technology.

Die charakteristischen Schichten von klarem und milchigem Eis, die in Hagelsteinen auftreten, werden ebenso durch das Modell in Abb. 6−5 erklärt.

Wenn das Hagelkorn durch eine Region mit hoher Konzentration an unterkühltem Wasser fällt, akkumuliert es mehr Wasser als rasch gefrieren kann. Das Korn wird mit einer Schicht langsam gefrierenden Wassers überzogen und als Ergebnis bildet sich meist klares Eis. Wenn es aber durch die oberen Teile der Wolke mit nur geringen Mengen unterkühlten Wassers kommt, gefrieren die kollidierenden Tröpfchen rasch. Dadurch werden Luftbläschen im Eis eingefangen, die ihm ein milchiges Aussehen geben.

Obwohl das in Abb. 6−4 skizzierte Browning-Ludlam-Modell einige ansprechende Merkmale aufweist, stimmt es nicht in ausreichender Weise mit vielen hagelproduzierenden Gewittern überein und wird noch immer nicht durch ein zufriedenstellendes mathematisches Modell unterstützt. Gerechterweise ist an dieser Stelle zu sagen, daß noch sehr viel über Gewitter in Erfahrung gebracht werden muß, besonders über die großen, wandernden schweren Unwetter.

Tornados

Die Tornados sind aufgrund ihrer konzentrierten Zerstörungskraft wahrscheinlich die am meisten gefürchteten Wetterphänomene. Wie in Abb. 6−6 gezeigt, haben sie meistens das Aussehen eines schmalen Trichters, Zylinders oder eines Seiles, das sich von der Untergrenze einer Gewitterwolke zum Boden hin ausweitet. Der sichtbare Trichter besteht aus Wassertröpfchen, die sich durch Kondensation in seinem Innern gebildet haben. Tornados haben üblicherweise weniger als einige Hundert Meter Durchmesser, jedoch sind manche um einiges größer. Die Trichter berühren den Erdboden gewöhnlich nur für wenige Minuten, aber von einigen wurden wesentlich längere Lebensdauern berichtet. Von den maximalen Windgeschwindigkeiten wird geschätzt, daß sie etwa 150 m sec^{-1} erreichen. In einem Fall war man auf der Grundlage des verursachten Schadens der Ansicht, daß die Windgeschwindigkeiten wesentlich höher waren, möglicherweise sogar die Schallgeschwindigkeit erreichten.

Der Luftdruck in einem Torandotrichter ist bedeutend niedriger als der umgebende Druck. Messungen sind rar, aber es ist geschätzt worden, daß in einem schweren Tornado der Druck etwa 100 mb unter dem Druck der Umgebung liegen könnte.

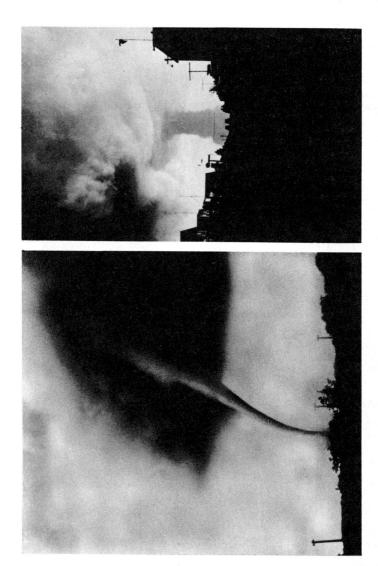

Abb. 6-6 Photographien von zwei Tornados. Mit frdl. Genehm. US Department of Commerce, NOAA.

Der tiefe Luftdruck und die starken Winde erklären die zerstörerische Natur des Tornados. Wenn er sich über ein Gebäude hinwegbewegt, fällt der Außendruck plötzlich ab, während der Innendruck sich nur langsam ändert, besonders wenn Fenster und Türen geschlossen sind. Das Ergebnis ist eine starke Druckkraft, die Dächer und Wände mit explosiver Gewalt nach außen schleudern kann. Sogar sehr schwere Gegenstände können durch die starken Winde angehoben und bewegt werden. Eisenbahnwaggons und Häuser sind bewegt worden, während Überbleibsel demolierter Häuser über weite Entfernungen verstreut worden sind.

Etwa im Jahre 1970 schloß T.T. *Fujita,* eine Autorität auf dem Gebiet der Tornadoforschung, daß es im Innern eines Tornados noch kleinere, intensivere Wirbel gibt, die er „Saugpunkte" nannte. Er vertrat den Gedanken, daß sie die Ursache des größten Teils der durch Tornados verursachten Zerstörungen sind.

Ein anderer interessanter Aspekt der Tornados ist das unverkennbare Getöse, das sie hervorrufen. Leute, die das Unglück hatten, daß ein Tornado in ihrer Nähe vorbeizog, berichteten Geräusche, die „Tausend Eisenbahnzügen" oder dem „Röhren eines Schwarms von Düsenflugzeugen" ähnelten. Eine ausreichende Erklärung dafür ist noch nicht gefunden worden.

Obwohl nahezu alle Tornados mit Gewittern einhergehen, sind sich die Meteorologen noch nicht über den Zusammenhang zwischen ihnen einig. Wie in Tabelle 1−3 gezeigt wurde, weist ein Tornado wesentlich weniger Energie auf als ein Gewitter und daher ist es vernünftig anzunehmen, daß das Gewitter den Tornadorüssel verursacht und ihn mit Energie versorgt. Es wurde vermutet, daß elektrische Entladungen den Trichter auslösen und aufrechterhalten könnten, aber diese Vorstellung hat nicht sehr viel Unterstützung gewonnen. Dennoch gibt es Beweise dafür, daß wenigstens einige Tornados elektrisch aktiv sind.

Obwohl Tornados in vielen anderen Ländern auftreten, ist ihre Häufigkeit in den USA bei weitem am größten. In einem durchschnittlichen Jahr werden ca. 700 verschiedene Tornados gemeldet. Gewöhnlich bringt ein einziges großes Gewittersystem mehrere Tornados hervor. In einem intensiven Ausbruch werden bis zu 30 oder 40 verschiedene Tornados erzeugt, während gleichzeitig die zugehörige Zyklone über Strecken von mehreren Hundert Kilometern zieht.

Tornados sind am häufigsten in den späten Nachmittags − und frühen Abendstunden, und treten meist im Frühjahr und in den frühen Sommermonaten auf. Während dieser Zeit sind die notwendigen meteorologischen Bedingungen am wahrscheinlich-

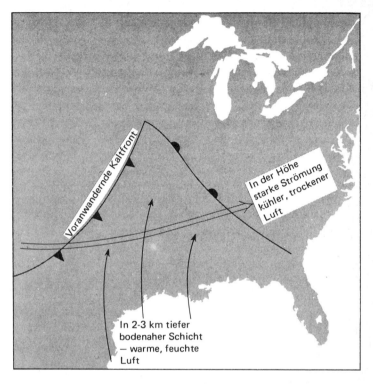

Abb. 6-7 Meteorologische Bedingungen, die die Bildung von schweren Gewittern und Tornados über den südlichen Great Plains begünstigen.

sten. Abb. 6–7 zeigt die Situation, in der Tornados häufig sind. Eine Strömung feuchter tropischer Luft streicht vom Golf von Mexiko über die südlichen Great Plains in den Vereinigten Staaten. In der Höhe strömt trockene Luft aus den Wüsten des Südwestens über diese feuchte Luft. Die voranschreitende Kaltfront leitet das Anheben der feuchten Luft ein, was Konvektion zur Folge hat. Im Warmsektor der Zyklone sind Gewitter ein normales Ereignis. Wenn die Luft sehr labil geschichtet ist, wird sich wahrscheinlich eine intensive ,,Squall line" mit Tornados entwikkeln.

Unglücklicherweise ist es nicht möglich, die Gegend, in der ein Tornado auftreten wird vorher genau festzulegen. Meteorologen im Vorhersagedienst teilen Areale ein, die vielleicht mehrere Hundert Kilometer durchmessen, in denen schwere Gewitter und Tornados am wahrscheinlichsten sind. Radargeräte werden verwendet, um tornadoprouzierende Unwetter aufzuspüren und um sie nach ihrer Entdeckung zu verfolgen. Mitte der siebziger Jahre ist der einzige sichere Weg einen Tornado zu identifizieren die visuelle Beobachtung. Wenn er einmal gesichtet wurde, kann sein zugehöriges Gewitter mit dem Radar verfolgt werden und die Menschen in seinem Weg können gewarnt werden, um Schutz aufzusuchen oder das gefährdete Gebiet zu verlassen.

Es gibt andere Situationen, die zur Entstehung eines Tornados führen, als die in Abb. 6–7 gezeigten. Eine von ihnen tritt im ohnehin schon gefährlichen Wetter auf, das mit einem Hurrikan einhergeht.

Hurrikane

Hurrikan nennt man eine tropische Zyklone, die über dem Atlantik oder dem östlichen Nordpazifik auftritt und maximale Windgeschwindigkeiten aufweist, die höher als 32.4 m sec^{-1} (116.6 km/h) sind. Der gleiche Sturmtyp wird im westlichen Nordpazifik Taifun und im Indischen Ozean Zyklone genannt. In anderen Teilen der Welt werden verschiedene andere Namen benutzt. Abb. 6–8 zeigt die Gebiete, in denen diese Wirbelstürme auftreten und die Zugbahnen, denen sie gewöhnlich folgen. Der Einfachheit halber werden wir sie alle Hurrikane nennen.

Wie bei den Tornados sind die Hauptmerkmale der Hurrikane die niedrigen Zentrumsdrucke und die hohen Windgeschwindigkeiten. Jedoch unterscheiden sich die beiden Stürme sehr in ihrer Größe und Lebensdauer. Ein typischer Hurrikan ist ein nahezu kreisförmiger Wirbel, etwa 500 km durchmessend, der viele Tage existieren kann. Manche dieser Wirbelstürme halten sich länger als eine Woche.

Der Kerndruck in einem Hurrikan kann mehr als 50 mb niedriger als in den Randzonen des Wirbels sein, und in einem sehr heftigen kann die Druckdifferenz 100 mb betragen. Da der Druck mit zunehmendem Abstand vom Zentrum sehr stark ansteigt, treten sehr starke Druckgradienten und hohe Windgeschwindigkeiten auf (Abb. 6–9). Spitzengeschwindigkeiten, manchmal 80 m sec^{-1} (288 km/h) überschreitend, treten gewöhnlich innerhalb von 30 km Abstand vom Zentrum auf.

In den innersten 20 km der Zyklone sind die Winde schwach und der Himmel ist nur gering bewölkt. Dieser Bereich wird

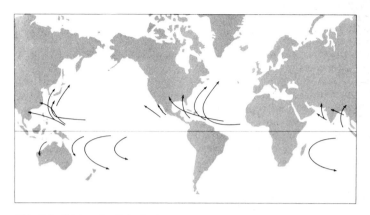

Abb. 6-8 Gebiete der Erde, in denen Hurrikane sich bilden und ihre häufigsten Zugbahnen. Aus G. E. Dunn und B. I. Miller, Atlantic Hurricanes, Louisiana State University Press, 1960.

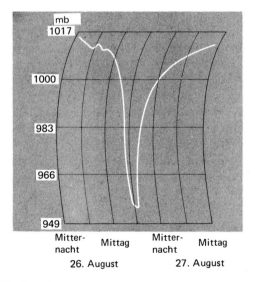

Abb. 6-9 Die Druckänderungen während der Passage eines Hurrikans bei West Palm Beach, Florida im August 1949. Aus R. T. Zoch, Monthly Weather Review, 1949, 77: 339-341.

das „Auge" des Hurrikans genannt. In einigen sehr großen Hurrikanen kann das Auge mehr als 40 km durchmessen. Ein schematischer Vertikalschnitt durch einen Hurrikan ist in Abb. 6–10 gezeigt. Die Luft in seinem Innern sinkt ab und ist wärmer und trockener als die Luft außerhalb des Sturmwirbels.

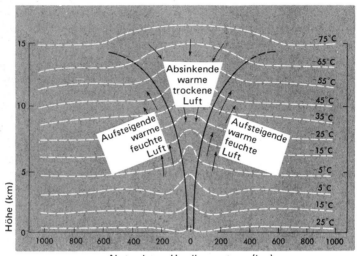

Abb. 6-10 Schematischer Vertikalschnitt, der die Temperaturverteilung und Luftströmungen in einem reifen Hurrikan zeigt. Die stark durchgezogenen Linien zeigen den Außenrand des Auges. Nach einem Modell von E. *Palmen*, Geophysika (Helsinki), 1948, 3: 26-38

Das erklärt die Beschreibung eines Hurrikans als eine Zyklone mit warmem Kern. Die stärksten Aufwärtsbewegungen findet man außerhalb der Region, in der die Spitzengeschwindigkeiten auftreten in Gebieten mit konvektiven Wolken und Gewittern. Diese sind nicht symmetrisch um den Wirbel herum verteilt. Stattdessen sieht man oftmals spiralige Niederschlagsbänder mit der stärksten Konzentration im rechten vorderen Quadranten des Hurrikans. Dies ist die Region, in der sich am wahrscheinlichsten Tornados entwickeln. Die Verteilung von Wolken und Niederschlägen tritt auf Radarschirmen (Abb. 6–11) und auf Photographien erdumkreisender Satelliten deutlich hervor (Abb. 6–12).

Hurrikane entwickeln sich über warmen Ozeanen und gewinnen das meiste ihrer Energie aus dem unterliegendem Wasser. Der

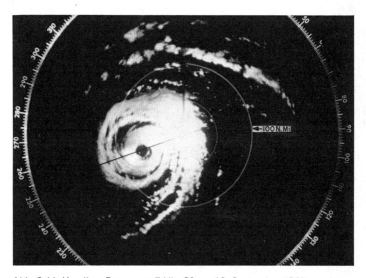

Abb. 6-11 Hurrikan Donna um 7 Uhr 30 am 10. September 1960, gesehen auf einem Radarschirm in Miami, Florida. Die hellen Spiralbänder repräsentieren Gebiete mit Regenfällen. Die kreisförmige Markierung zeigt eine Entfernung von 100 nautischen Meilen (185 km) an. Mit frdl. Genehm. von L. F. *Conover*, National Hurricane Research Laboratory, Miami, Florida.

genaue Entstehungsmechanismus ist immer noch nicht klar. Bekannt ist, daß es über den tropischen Ozeanen viele Störungen im Druckfeld gibt, von denen sich ein kleiner Prozentsatz zu Hurrikanen entwickelt. Beispielsweise werden über dem Atlantik während eines durchschnittlichen Jahres mit Wettersatelliten etwa 100 regenproduzierende Schlechtwettersysteme aufgespürt. Wenn die Windgeschwindigkeit in diesen schwachen Systemen unter 17.5 m sec^{-1} (63 km/h) liegen, werden sie **Tropische Tiefdruckgebiete** genannt. Einige haben ihren Ursprung in Tiefdrucksystemen, die sich über dem afrikanischen Kontinent gebildet und westwärts ausgebreitet haben.

In einem durchschnittlichen Jahr, meist während der Monate September, Oktober und November verstärken sich etwa 10 dieser Tiefdruckgebiete und werden **Tropischer Wirbelsturm** genannt. Das heißt, daß die Spitzengeschwindigkeit zwischen 17.5 und 32.4 m sec^{-1} (63 und 116.6 km/h) liegen. Sechs dieser Stürme erreichen Hurrikanstärke und zwei überqueren die Küstenlinie der USA. Tatsächlich variiert die Anzahl der atlantischen Hurrikane von Jahr

Abb. 6-12 Hurrikan Inez, photographiert vom ESSA Wettersatelliten am 5. Oktober 1966. Dieser Sturm befand sich knapp südwestlich von Florida, dessen Grenzen in die Photographie hineingezeichnet wurden. Mit frdl. Genehm. US Department of Commerce, NOAA.

zu Jahr und beträgt manchmal mehr als 10. Seit dem Beginn der systematischen Wolkenüberwachung auf der Erde durch Satelliten wurde beobachtet, daß die Anzahl tropsicher Tiefdruckgebiete größer ist, als einst angenommen.

Wie in Abb. 6–8 angedeutet, werden die von den Hurrikanen meist eingeschlagenen Zugbahnen durch die vorherrschenden Windfelder bestimmt. Die Wirbel werden durch die vorherrschenden Ostpassate herantransportiert und biegen bei Annäherung an den Kontinent polwärts ab. Wie Sie eventuell vermuten, ist das eine zu starke Vereinfachung, denn die Windströmungen weichen manchmal sehr stark von den durch die allgemeine Zirkulation vorgegebenen ab. Ein Hurrikan wird durch die Hauptluftströmung, in der er sich befindet, transportiert, während er sich gleichzeitig in geringerem Masse gegen die Strömung bewegt. Wenn sich die Strömung ändert, ändert sich die Zugbahn des Hurrikans. Zeitweilig tritt das sehr plötzlich auf und die Änderungen erreichen ein bedeutendes Ausmaß. Abb. 6-13 zeigt tatsächlich beobachtete Hurrukanzugbahnen über dem westlichen Nordatlantik. Es ist ersichtlich, daß sich in einigen Fällen die Zugbahn abrupt ändern kann.

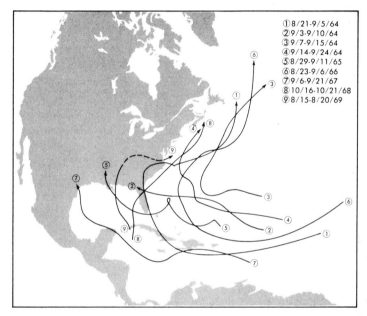

Abb. 6-13 Die Zugbahnen von ausgewählten atlantischen Hurrikanen, die zwischen 1964 und 1970 auftraten.

Wenn sich Hurrikane über Land oder Ozeane der höheren Breiten bewegen, schwächen sie sich ab. Das ist hauptsächlich deswegen der Fall, weil die Energieaufnahme reduziert wird, wenn sich der Wirbel von Regionen warmen Ozeanwassers wegbewegt. Wenn sich ein Hurrikan über Land bewegt kommt hinzu, daß der Erdboden zusätzliche Reibungskräfte ausübt, die die Windgeschwindigkeit reduzieren.

Hurrikane, die sich über Land bewegen, können sehr zerstörerisch und tödlich sein. Ein einziger Sturm, wie der Hurrikan Camille im August 1969 kann einen Schaden von etwa eineinhalb Milliarden Dollar anrichten. Der Hurrikan, der im November 1970 über Bangladesh hinwegzog, forderte Berichten zufolge mehr als 250 000 Menschenleben. Die Hauptursache für die Zerstörungen und den Verlust an Menschenleben ist die Flutwelle, die bei Annäherung des Sturmes an die Küste erzeugt wird. Dabei kann eine „Wand" von Wasser, drei Meter oder höher entstehen. Sie kann über tiefliegendes Land hinwegschwappen und, verbunden mit sehr heftigen Regenfällen, Überflutungen größten Ausmaßes verursachen. Evakuierung auf höhergelegenes Land ist die einzig sichere Überlebungschance.

Auf den offenen Ozeanen können Hurrikanwinde Wellen spektakulärer Höhe erzeugen, die von der Stärke des Windes, der Grösse des Hurrikanes und seiner Lebensdauer abhängen. Über dem Atlantik läßt ein durchschnittlicher Hurrikan 10 bis 12 Meter hohe Wellen entstehen. Wellen, die in unterschiedlichen Quadranten des Unwetters erzeugt werden, überlagern sich und rufen maximale Wellenhöhen von manchmal über 15 Metern hervor. In extremen Fällen kann die Höhe 20 m überschreiten. Solche Wellen wurden 1935 von einem japanischen Marineschiff berichtet, das versehentlich in einen Taifun geriet. Wie man sich vorstellen kann, können solche Wellen sogar das größte Schiff leicht hin- und herwerfen und die Reise durch einen Hurrikan zu einer schrecklichen Erfahrung werden lassen.

Die von einem Hurrikan erzeugten Wellen breiten sich nach allen Richtungen hin aus. Die rechts von ihm erzeugten breiten sich rasch in seiner Bewegungsrichtung aus. Ein typischer Hurrikan mag sich mit einer Geschwindigkeit von 5–6 m sec^{-1} bewegen und in einem Tag etwa 500 km vorankommen. Die durch ihn erzeugten Wellen breiten sich viel schneller aus und überdecken eine Entfernung von ca. 1000 bis 1500 km in einem Tag. Wenn sie den Einflußbereich des Sturmes verlassen, nimmt die Wellenhöhe ab, die Wogen nehmen ein abgeflachteres Aussehen an und die Wellen werden Dünung genannt. Vor dem Zeitalter der Satelliten, des Radars und der Flugzeuge war die Ankunft der Dünung für Seeleute und Küstenbewohner oftmals das einzige Warnsignal für einen bevorstehenden Hurrikan.

In einigen Fällen bewegen sich in Auflösung begriffene tropische Wirbelstürme über Land und können in gebirgigem oder hügeligem Gelände sehr starke Regenfälle verursachen. Im Juni 1972 schüttete der Hurrikan Agnes enorme Regenmengen auf die US-Staaten Virginia, Delaware, Pennsylvania und die angrenzenden Nachbarstaaten. Als Folge traten Überflutungen verherrenden Ausmaßes auf, die einen Schaden verursachten, der auf mehr als drei Miliarden Dollar geschätzt wird. Die starken Winde in einem Hurrikan richten sehr großen Schaden an Gebäuden und an der Vegetation an. Riesige Bäume können umgeweht und frei herumliegende Gegenstände weggetragen werden. Die Windschäden sind in Küstennähe am schwersten, denn die Spitzengeschwindigkeiten nehmen in Erdbodennähe ab, wenn der Hurrikan sich über Land bewegt.

Glücklicherweise können Hurrikane durch Wettersatelliten, Radar und Flugzeuge mit Spezialausrüstungen in einem frühen Entwicklungsstadium entdeckt und während ihrer gesamten Lebensspanne verfolgt werden. Moderne Vorhersagen und Kommunikationsmittel machen es möglich, die Menschen, die in von Hurrikanen bedrohten Gebieten leben, rechtzeitig zu warnen, so daß Maßnahmen ergriffen werden können, um den Schaden an Hab und Gut zu verringern und sich selbst in höher gelegenes Gelände zu retten. Mehr über Hurrikane wird in Kap. 8 gesagt werden, in dem eine Diskussion über Versuche gegeben wird, sie durch Wolkenbesäung abzuschwächen.

7 Die Klimate der Erde

Wenn ein Meteorologe vom Wetter redet, bezieht er sich auf kurzzeitige Veränderungen im Zustand der Atmosphäre. Dies würde die Berücksichtigung solcher Dinge wie Lufttemperatur, Bewölkung, Niederschlag und Wind einschließen, wie sie sich von Minute zu Minute oder möglicherweise von einem Monat zum nächsten ändern.

Die langfristigen Wettererscheinungen werden Klima genannt. Anders ausgedrückt ist das Klima durch die statistischen Eigenschaften des Wetters einer längeren Zeitspanne, meist mehrerer Jahrzehnte, charakterisiert. Wenn man über das Klima spricht, ist es wesentlich, die betrachtete Region festzulegen. Wie weiter unten in diesem Kapitel gezeigt wird, wurde dem Klima der ganzen Erde sehr viel Aufmerksamkeit gewidmet. Es wurden aber ebenso Studien über das Klima im Innern eines Hauses oder eines Getreidefeldes angefertigt.

Das Wort „Mikroklima" wird oftmals gebraucht, um die klimatische Struktur der Atmosphäre zwischen der Erdoberfläche und einer Höhe, in der der Einfluß des Bodens nicht mehr in Erscheinung tritt zu beschreiben. Diese Schicht, gemessen in Größenordnungen von Metern oder einigen zehn Metern, ist in vielen praktischen Problemen von großer Bedeutung. Es ist die Region, in der Menschen leben und Pflanzen wachsen. Die Getreidemenge, die ein Feld hergibt, ist in beträchtlichem Maße vom Mikroklima dieses Feldes abhängig.

Klimatologen haben die Eigenschaften der Luft in umschlossenen Räumen wie im Innern von Gebäuden untersucht. In letzter Zeit haben die atmosphärischen Bedingungen in Treibhäusern große Aufmerksamkeit auf sich gezogen. Treibhäuser werden in zunehmenden Maße für den kommerziellen Pflanzenanbau verwendet. Da die Raumklimate weitgehend kontrolliert werden können, kann Treibhauspflanzenanbau erstaunliche Mengen von Gemüse wie Tomaten und Gurken pro überdachtem ha produzieren.

Die klimatischen Charakteristika einer etwa 10–100 km grossen Region können als Teil eines „Mesoklimas" bezeichnet werden. Beispielsweise fallen die meteorologischen Erscheinungen eines Tales oder einer Stadt in diese Kategorie. Der Begriff Makroklima wird verwendet, um die Verhältnisse über großen Gebieten wie einem Staat, oder gar einem Kontinent zu beschreiben. Wenn der ganze Planet betrachtet wird, ist es angebracht, vom planetarischen oder globalen Klima zu sprechen.

Die Aufgruppierung der Klimate nach der Größe der betrachteten Region ist nur eine Form der Einteilung. Es gibt viele andere Schemata, von denen viele weithin bekannt und in Gebrauch sind, besonders bei Geographen und Agrarexperten. Wie wir sehen werden, haben einige von ihnen eine hohe Korrelation mit der jeweils heimischen Vegetation.

Beschreibende Klimatologie

Meist wird das Klima einer Region durch die Mittelwerte von Temperatur, Niederschlag, Luftfeuchte und Windgeschwindigkeit während eines Zeitraums von ca. 30–40 Jahren beschrieben. Die vollständige Beschreibung des Klimas sollte ebenfalls die Variabilität dieser Größen während des Jahres und von Jahr zu Jahr mit einschließen. Die Bedeutung dieses Gedankens kann durch die Kurven in Abb. 7–1 demonstriert werden, die die mittleren monatlichen Temperaturen von San Francisco (Kalifornien), St. Louis (US-Staat Missouri) und Baltimore (US-Staat Maryland) zeigen. Die mittleren jährlichen Temperaturen dieser Städte liegen dicht beieinander, aber die Klimate sind verschieden. St. Louis und Baltimore haben größere Temperaturkontraste als die Westküstenstadt: Heißer im Sommer und kälter im Winter.

Traditionellerweise schließt Klimatologie die Analyse großer Datenmengen mit ein. Beobachtungen von Stationen der ganzen Welt haben sich für lange Zeit angesammelt. An einigen Orten reichen sie ein oder zwei Jahrhunderte zurück, während an anderen die Beobachtungsdauer nur in Jahrzehnten gemessen wird. Obwohl es einige Inselstationen mit langen Datenreihen gibt, und von einigen Orten Schiffsmessungen, sind die Beobachtungen über den Ozeanen meistenteils nicht ausreichend, um ihr Klima zu beschreiben.

Durch Ermittlung von Durchschnittswerten der verfügbaren Daten und Extrapolation zwischen den Stationen wurden Karten erstellt, die einige Grundzüge des Klimas zeigen.

Abb. 7–2 zeigt die mittleren Lufttemperaturen auf der Erde für Januar und Juli. Bestimmte Merkmale fallen sofort auf. Im allgemeinen nehmen die Temperaturen vom Äquator zum Pol hin ab, aber die Änderungen sind in keiner Weise regelmäßig. Die Unterschiede zwischen Sommer und Winter sind ausgeprägt. Beispielsweise sind die Ozeane im Sommer kühler als das Land; im Winter ist es umgekehrt. Über dem Land treten die extremen Werte im Innern der Kontinente auf. Außerhalb der Antarktis beträgt die tiefste, je gemessene Temperatur -67°C, in Verchojansk, Sibirien. Dort werden aber auch Sommertemperaturen bis zu 32°C gemessen. Die höchste, je gemessene Temperatur ist 58°C, aufgetreten in El Azizia in Libyen.

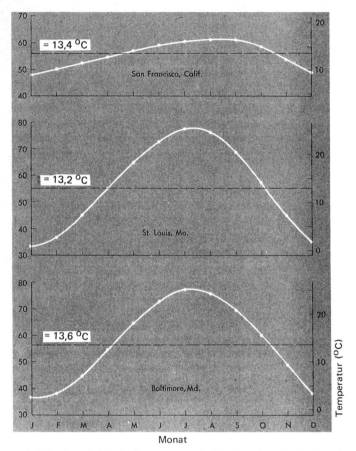

Abb. 7-1 Monatliche Mitteltemperaturen in San Francisco, St. Louis und Baltimore. Die gestrichelte Linie T zeigt die Jahresmitteltemperatur.

Die Änderung der Lufttemperatur über den Ozeanen zwischen Sommer und Winter ist viel geringer als über den Kontinenten. Wie früher bereits erwähnt wurde, gibt es dafür mehrere Gründe. Die Sonnenstrahlung dringt tiefer in das Wasser ein als in das Erdreich und die Durchmischung im Wasser verteilt die Wärmeenergie auf eine sehr große Wassermenge. Über dem Land wird die in den oberen Schichten absorbierte Wärmeenergie nur sehr

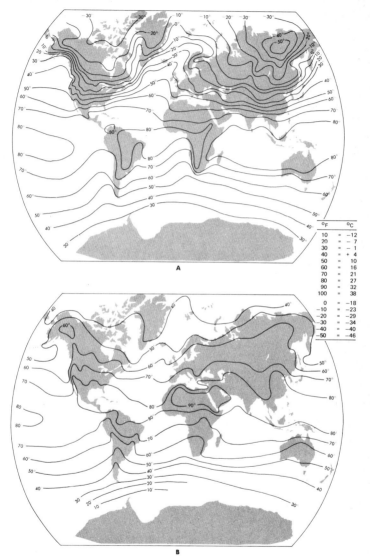

Abb. 7-2 Mitteltemperaturen der Erde im Januar (A) und im Juli (B) in Grad Fahrenheit. Aus H. R. Byers, General Meteorology, Mc-Graw-Hill Book Company, 1959.

Abb. 7-3 Vereinfachte Darstellung der mittleren jährlichen Niederschlagsmenge in Zentimetern. Meist nach Daten von *B. Haurwitz* und *J. M. Austin*, Climatology, Mc Graw Hill Book Company, 1944.

langsam durch das Erdreich in das Gestein transportiert. Folglich wird die verfügbare Strahlung zur Erwärmung einer relativ kleinen Masse verwendet. Wie in Tabelle 3−1 aufgeführt wurde, ist darüberhinaus die spezifische Wärme des Wassers größer als die von Erdreich und Gestein. Das bedeutet, daß eine größere Wärmemenge erforderlich ist, um die Temperatur des Wassers um 1°C zu erhöhen, als es bei Erdreich und Gestein der Fall ist. Im Winter geben die Ozeane Wärmeenergie durch Abstrahlung langsamer an den Raum ab als das Land.

Die Ozeane stellen ein riesiges Wärmereservoir dar. Sie geben Wärme an die Atmosphäre ab während der kalten Jahreszeit und entziehen ihr Wärmeenergie während der warmen Jahreszeit.

Die mittlere jährliche Niederschlagsverteilung über der Erde ist in Abb. 7−3 wiedergegeben. Wie man erwarten würde, treten die größten Mengen über den äquatorialen Regionen und Gebirgsgegenden auf, die öfters von maritimer Tropikluft überströmt werden.

Die Südhänge des Himalayagebirges gehören zu den nassesten Gegenden der Erde. Cherrapunji in Indien verzeichnet durchschnittlich 11.4 m Regen pro Jahr, das meiste davon während des Sommermonsuns von Juni bis September. In einem Jahr erreichte die Regenmenge die schwindelerregende Höhe von 26.5 m. Die Station mit der höchsten durchschnittlichen Niederschlagsmenge pro Jahr ist Mt. Waialeale auf Hawaii mit 11,7 m. Der Niederschlag wird in Wolken erzeugt, die sich bilden, wenn warme und feuchte tropische Luft über den Berghängen aufsteigt.

Die jährliche Niederschlagsverteilung kann von einer Region zur nächsten sehr stark variieren. In Abb. 7−4 sind dafür mehrere Beispiele gegeben. Der größte Teil des Niederschlags in San Francisco wird von zyklonalen Schlechtwettersystemen hervorgerufen, die im Winter vom Pazifik heranziehen. Ähnlich sieht es im gesamten Mittelmeergebiet aus: Dort ist der Hauptanteil des Niederschlags auf wandernde Zyklonen zurückzuführen, die, häufig vom Atlantik oder Nordwesteuropa kommend, das Gebiet im Winterhalbjahr überqueren. Die Sommer andrerseits sind durch Abwesenheit zyklonaler Systeme und heißes, trockenes Wetter gekennzeichnet.

Nördlich der Alpen erhält Europa durch wandernde Zyklonen Niederschläge zu allen Jahreszeiten; meist tritt ein Maximum im Sommer auf, das auf konvektive Niederschläge zurückzuführen ist. Jedoch treten die Maxima an einigen Orten in anderen Jahreszeiten auf, verursacht durch Besonderheiten in der Topographie (Gebirge) und bestimmte, jährlich wiederkehrende Eigenheiten in der Zirkulation. In vielen Orten wie Cherrapunji, stammt der Hauptanteil des Regens von sommerlichen Schauern und Gewittern. In anderen Gegenden wie in Tucson (US-Staat Arizona) gibt es zwei Regenzeiten: ein Sommermaximum, von konvektiven Wettersystemen in feuchter tropischer Luft herrührend und ein Wintermaximum durch wandernde Zyklonen. In wieder anderen

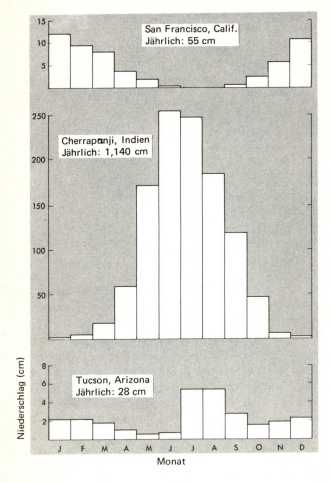

Abb. 7-4 Mittlere monatliche Niederschlagsmenge in Tucson, Arizona und Cherrapunji, Indien. Beachten Sie den Unterschied im Ordinatenmaßstab.

Gegenden fällt Regen während des ganzen Jahres mit relativ geringen jahreszeitlichen Änderungen. Die Änderung des Niederschlags von Monat zu Monat ist natürlich nur eine der wichtigen Charakteristiken des Klimas. Die jährliche Gesamtmenge und ihre Variabilität von Jahr zu Jahr sind ebenfalls wichtige Faktoren.

Eine Wüstenregion wie Südarizona ist durch niedrige jährliche Niederschlagsmengen charakterisiert, die, in Prozent ausgedrückt, von Jahr zu Jahr sehr stark variieren. Andrerseits haben Orte im feuchten Osten der USA höhere Niederschlagsmengen, die verläßlicher sind als der Wüstenregen. Als Folge davon ist Landwirtschaft ohne künstliche Bewässerung meist nicht möglich. Da die Gebiete Europas nördlich der Alpen genügend Niederschlag zu allen Jahreszeiten erhalten, ist, abgesehen von kürzeren Perioden in Ausnahmejahren, in der Landwirtschaft keine künstliche Bewässerung notwendig. In vielen Gegenden südlich der Alpen sieht es jedoch im Sommer ähnlich wie in den Südweststaaten der USA aus, d.h. ohne künstliche Bewässerung ist Landwirtschaft häufig nur sehr schwer möglich.

Klimaklassifikationen

Die am meisten verwendete Klassifikation des Weltklimas wurde von Wladimir *Köppen* in Österreich entwickelt. Sie wurde zuerst im Jahre 1918 veröffentlicht und in den anschließenden Jahren mehrmals modifiziert. Sie stützt sich größtenteils auf jährliche und monatliche Mittel von Temperatur und Niederschlag. *Köppen* sah sich mit der Tatsache konfrontiert, daß der Abstand der Beobachtungsstationen unzureichend war um Klimaregionen voneinander abzugrenzen, eine Situation, die immer noch fortbesteht. Um dieses Problem zu überwinden, verwendete er die Verteilung der natürlichen Vegetation, um die Grenzen der verschiedenen Klimaregionen festzulegen.

Eine andere gut bekannte Klassifikation wurde nach ihrem amerikanischen Urheber C. Warren *Thornthwaite* benannt. Sie basiert ebenfalls auf dem Gedanken, daß die natürliche Vegetation ein Indikator für das Klima ist, und sie klassifiziert das Klima auf dieser Grundlage. Von besonderer Bedeutung in *Thornthwaites* Schema ist der Unterschied zwischen der mittleren monatlichen Niederschlagsmenge und einer Größe, die „Evapotranspiration" genannt wird. Dies ist die Feuchtigkeitsmenge, die durch Verdunstung vom Erdboden und Transpiration von der Vegetation verloren geht.

Verschiedene Klimatologen, unter ihnen *H. Flohn* in Deutschland sind der Ansicht, daß rein beschreibende Klassifikationen wie die von *Köppen* und *Thornthwaite* nicht ausreichend sind. *Flohn* argumentierte, daß eine befriedigende Klassifikation die Ursachen für das Klima berücksichtigen sollte. Im Jahre 1950 schlug er ein Schema vor, das die allgemeine Zirklulation als einen der Ausgangspunkte zur Erklärung der Verteilung des Klimas auf der Erde nimmt. Dieses Konzept hat in letzter Zeit sehr viel Aufmerksamkeit und Unterstützung gefunden.

Ein besseres Verständnis der physikalischen Faktoren, die das Klima bestimmen ist nötig, um erklären zu können, warum sich das Klima der Erde in der Vergangenheit geändert hat und wie es sich in der Zukunft verhalten wird. Über diese Punkte wird in einem späteren Abschnitt dieses Kapitels noch mehr gesagt werden.

Es ist seit langem bekannt, daß gewisse Aspekte des Klimas von der geographischen Breite, der Höhe des Ortes und seiner Lage bezüglich großer Wasser und Landmassen abhängen. Wie man erwarten würde, ist die durchschnittliche Temperatur einer Station wahrscheinlich umso tiefer je höher und näher am Pol sie liegt. Da sich die Temperatur von Ozeanen und großen Seen viel weniger ändert als die Temperatur der Kontinente, werden Orte gerade windabwärts von solchen Wasserflächen wahrscheinlich keine solche Extreme von Hitze und Kälte erfahren wie Orte, die weit windabwärts gelegen sind. Beispielsweise haben Städte entlang der Westküste der Vereinigten Staaten geringere Temperaturschwankungen als diejenigen im zentralen und östlichen Teil des Landes. Der Begriff „maritimes Klima" wird manchmal gebraucht, wenn man von den klimatischen Verhältnissen an Orten spricht, die größtenteils durch die See beeinflußt werden – San Francisco zum Beispiel.

Orte innerhalb großer Landmassen haben ein „kontinentales Klima" und typischerweise große Temperaturunterschiede zwischen Sommer und Winter.

Im allgemeinen sind die Temperaturunterschiede während des Tagesverlaufs ebenfalls größer im Innern der Kontinente als entlang der windwärtigen Küstenregionen. Die tägliche Temperaturschwankung ist am größten an Stationen in niedrigen Breiten, wo die Atmosphäre trocken ist. Beispielsweise haben Wüstengegenden in den Tropen manchmal tägliche Temperaturschwankungen von über $20°C$. Während des Tages tritt starke Erwärmung durch Sonneneinstrahlung auf und rasche Abkühlung während der Nacht, wenn Infrarotstrahlung an das Weltall verloren geht.

Im 3. Kapitel wurde die allgemeine Zirkulation besprochen. Eine Untersuchung der Luftströmungen und der Regionen hohen und tiefen Luftdrucks erklärt viele Aspekte der Verteilung des Klimas auf der Erde. Wie früher schon gesagt wurde, tritt in Hochdruckgebieten hauptsächlich abwärtige Luftbewegung auf. Während des Absinkens kommt es zu einem Anstieg der Lufttemperatur. Dadurch sinkt die relative Feuchte und die Ausbildung von Wolken und Niederschlag wird verhindert. Das Resultat ist, daß sich unter den semipermanenten Antizyklonen Wüsten finden, besonders an den Ostseiten, wo das Absinken am ausgeprägtesten ist.

Die Niederschlagskarte in Abb. 7–3 zeigt, daß über den Westseiten der Kontinente und anderen Regionen, in denen antizyklonale Strömung vorherrscht, ausgedehnte Wüsten auftreten. Beispiele sind die Sonorawüste im Südwesten der Vereinigten Staaten und Mexiko, die ausgedehnte Wüste entlang der Westküste von Südamerika und Nordafrika. Es ist wichtig zu berücksichtigen, daß sich die niederschlagsarmen Gebiete auch auf die angrenzenden Ozeane erstrecken. Daran sollte man sich erinnern, wenn die Ansicht vertreten wird, daß das Anlegen eines künstlichen Sees zu verstärkten Regenfällen in einer Wüstenregion führen soll. Im allgemeinen kann Regenarmut auf absinkende Luftmassen zurückgeführt werden, die die Ausbildung von Regenwolken verhindern, statt auf die Abwesenheit einer nahen Quelle von Wasserdampf.

Andererseits finden sich feuchte Klimate in Gegenden mit starken, beständig aufsteigenden Luftbewegungen, besonders wenn dort die Luft feucht und warm ist. Diese Bedingungen herrschen gewöhnlich entlang der innertropischen Konvergenzzone. Gebirgsketten zwingen die Luft, aufwärts zu steigen, und dienen ebenso der Erzeugung von konvektiven Wolken, wenn die Berghänge warm sind. Als Folge davon sind die Niederschlagsmengen in Gebirgsgegenden im allgemeinen höher als im Flachland. Wenn die Luft, die sich die Berghänge hochbewegt, feucht und labil geschichtet ist, können unglaubliche Regenmengen fallen. Wir haben dafür bereits einige Beispiele erwähnt.

Abb. 7–3 demonstriert, daß die Rocky Mountains entlang der Westküste der Vereinigten Staaten und Kanadas auf der dem Wind zugewandten Seite hohe Niederschlagsmengen abbekommen. Die vorherrschenden Winde kommen aus West und tragen feuchte Luft vom Pazifischen Ozean heran. Man beachte jedoch, daß auf der windabgewandten Seite des vordersten Gebirgszuges Wüstenbedingungen vorgefunden werden. Beispielsweise ist die Niederschlagsmenge im Ostteil des US-Staates Washington geringer als 250 mm pro Jahr. Diese Erscheinung ist als **Regenschatten** bekannt.

Wenn sich die Luft in den Westwindzonen die Westabhänge der Gebirge hinaufbewegt, steigt ihre relative Feuchte an. Es entwickeln sich Wolken und es fallen Regen und Schnee. Wenn die Luft sich dann über die Berge bewegt und absinkt, erwärmt sie sich adiabatisch. Da ihr Feuchtigkeit entzogen worden ist, ist die absteigende Luft viel trockener, als beim Überschreiten der Küstenlinie. In der absinkenden Luft treten Wolken und Niederschlag nicht so schnell auf und die Folge davon ist Wüstenbildung.

Die jahreszeitlichen Klimate einer Region werden durch die allgemeine Zirkulation bestimmt. Wie Abb. 3–3 zeigt, mändrieren die Luftströmungen in der Atmosphäre in der Höhe in einer Serie von Trögen und Keilen um den Erdball herum. Im Mittel sind Gegenden mit Winden aus nördlichen Richtungen kälter als diejenigen, wo die Winde eine südliche Komponente aufweisen. Ebenso tritt im Bereich von Tiefdrucktrögen mehr Niederschlag auf. Das bedeutet, daß die östlichen Teile der USA im Winter im Mittel kal und naß sind. In bestimmten Jahren verschieben sich die Tröge und Keile aus noch unbekannten Gründen drastisch aus ihrer mittleren Position. Zum Beispiel könnte sich ein tiefer 500 mb Trog über dem Westen der Vereinigten Staaten ausbilden. Unter diesen Umständen können die Weststaaten der USA abnormal kaltes und nasses Wetter haben. Zur gleichen Zeit wäre es in den Oststaaten ungewöhnlich warm und trocken.

Mitteleuropa liegt im langjährigen Mittel im Einflußbereich eines solchen Troges, daher sind hier die Sommer normalerweise kühl und naß. In manchen Jahren verschiebt sich dieser Trog jedoch aus seiner Position und wird durch einen Keil ersetzt. Man beobachtet dann manchmal wochenlang andauerndes heißes und trockenes Wetter. Gleichzeitig kommt es dabei häufig zu ungewöhnlich kühlem und nassen Wetter über der europäischen UdSSR oder auch über Südwesteuropa.

Manchmal verschiebt sich das ganze Muster von Trögen und Keilen in der Nordhemisphäre in longitudinaler Richtung. Wenn das passiert, treten Wetterabnormitäten in sehr vielen Gegenden auf. Wenn es beispielsweise in Neu England ungewöhnlich warm und trocken ist, sollte es nicht überraschen, wenn es in Westeuropa ungewöhnlich kalt wäre, oder wenn Teile der Sowjetunion annormal warm und trocken wären.

Zusammenfassend kann man sagen, daß die Strömungsmuster der allgemeinen Zirkulation einen wesentlichen, kontrollierenden Einfluß auf das Klima ausüben. Zusätzlich kann auch die Nähe von großen Wasserflächen und die Topographie einen wichtigen Einfluß haben. Länger andauernde Abweichungen der Strömungsmuster von den im Mittel beobachteten Zügen der allgemeinen Zirkulation führen, auf ein Jahr oder eine Jahreszeit bezogen, zu ungewöhnlichem Wetter. In einigen Fällen können die Konsequenzen Dürren, oder im anderen Extrem, Überschwemmungen sein.

Das Klima der Erde

Ein Thema von zunehmenden Interesse in diesen Tagen ist das Klima der ganzen Erde, die Frage, wie es sich mit der Zeit geändert hat und ob es durch menschliche Aktivitäten beeinfluß wird.

Wir wußten seit langer Zeit, daß es in weiter Vergangenheit langsame aber sehr grundlegende Veränderungen im Klima gegeben hat. Sie erscheinen in den geologischen Epochen als Eiszeiten, durchsetzt mit langandauernden, warmen Intervallen. Während der letzten 600 Mio. Jahre gab es größere Vereisungen im Oberkarbon − Unterporm und im Pleistozän. (s. Tab. 7−1)

Während der Eiszeiten waren große Teile der Erde mit einer Eisschicht bedeckt, die sich äquatorwärts bewegte und in Extremfällen über den Kontinenten bis zu 40° Breite hinabreichte.

Wie man erwarten würde, hat die jüngere Vergangenheit die Geophysiker am meisten interessiert. Das Pleistozän, das die letzten ca. 2 Mio. Jahre umfaßt, wurde von Paläoklimatologen, die eine Vielzahl von Methoden zur Altersbestimmung von Überresten und zur Abschätzung der Temperatur während ihrer Entstehung verwenden, intensiv studiert.

Tabelle 7-1 Geologisches Zeitalter, Formationen und Stufen bekannter, größerer Vergletscherungen

Zeitalter	Periode	Epoche	Beginn des Zeitintervalls (in Millionen Jahren)
Paläozoikum	Kambrium		600
	Ordovizium		500
	Siluri		430
	Devon		400
	Karbon	Unterkarbon	350
		Oberkarbon	330
	Perm		275
Mesozoikum	Trias		225
	Jura		180
	Kreide		135
Känozoikum	Tertiär	Palaeozän	66
		Eozän	59
		Oligozän	38
		Miozän	25
		Pliozän	12
	Quartär	Pleistozän	ca. 2
		Holozän	0.01

Unglücklicherweise gibt es noch keine völlig verläßlichen Methoden zur Altersbestimmung von Ereignissen zwischen 150 000 und 10 000 000 Jahren. Diese Tatsache zusammen mit widersprüchlichen Funden in verschiedenen Teilen der Welt hat die Konstruktion eines widerspruchsfreien geologischen Kalenders des Pelistoäns oder zumindest eines großen Teils davon verhindert.

Nichtsdestoweniger gestatten die verfügbaren Ergebnisse eine gewisse Abschätzung der wichtigsten klimatischen Ereignisse.

Das Pleistozän hat wenigstens vier größere Eiszeiten erlebt, in denen die Mitteltemperatur der Erde etwa 6°C unter den heutigen Durchschnittswerten lag. Jede Eiszeit dauerte etwa 100 000 Jahre, ausgenommen die letzte, die die Würmeiszeit genannt wird und die von vor ca. 70 000 bis vor 10 000 Jahren andauerte. Die Zwischeneiszeiten waren warme Perioden, in denen die Temperatur der Erde etwa drei Grad höher lag als heute.

Durch eine genauere Beachtung der überlieferten Zeugnisse haben Forscher festgestellt, daß es während der Würmeiszeit, die vor etwa 70 000 Jahren begann, vier Gletschervorstöße gegeben hat. Einer der am besten belegten, der vor ca. 23 000 Jahren begonnen hat, wurde über dem mittleren Atlantik, der Karibik und Europa von etwa zehn Grad kälteren Temperaturen als heute begleitet. Das Klima der Vereinigten Staaten war kalt und naß und die zentralen Teile des Landes bis nach Iowa und Nebraska waren vereist.

Die Daten über das Klima der letzten 10 000 Jahre sind ziemlich umfassend. Tab. 7−2 enthält eine kleine Zusammenstellung einiger wichtiger Merkmale des Klimas dieser Periode. Von besonderem Interesse ist die Zeitspanne von 5600 bis 2500 v. Chr. als die Atmosphäre 2−3°C wärmer als heute war und feucht, besonders über Nordafrika und dem Nahen Osten. Dies ist als klimatisches Optimum bekannt, denn die Verhältnisse waren günstig für die Entwicklung von Pflanzen und Tieren.

Die jüngste kühle Periode, bekannt als die kleine Eiszeit, trat erst vor recht kurzer Zeit auf, nämlich von 1500 bis 1900 n. Chr. Während dieser 400 Jahre war es im allgemeinen kühl und trocken und es traten äquatorwärtige Vorstöße von Gletschern und Seeeis auf. Zu Beginn dieses Jahrhunderts setzte über der ganzen Erde eine ausgeprägte Erwärmung ein.

Es liegt ausreichend Datenmaterial vor, um die in Abb. 7−5 gezeigte Kurve zu konstruieren. Während etwa eines halben Jahrhunderts stieg die Temperatur um rund 0.6°C an. Diese Erwärmung wurde von einer polwärtigen Verlagerung der Vordergrenze des Seeeises begleitet sowie vom Abschmelzen und Rückzug der Gletscher und einem geringen Anstieg des Meeresspiegels in extremen Fällen von Gletscherwachstum oder -Abschmelzen um mehrere Dutzend Meter

Tabelle 7-2 Eine kurze Chronologie des Klimas der letzten 10000 Jahren. Aus W.D. *Sellers*, Physical Climatology, University of Chicago Press, 1965

Zeit	Region	Klima
9000–6000 v. Chr.	Südarizona	Warm und trocken
7800–6800 v. Chr.	Europa	Kühl und feucht, kühl und trocken ab 7000 v. Chr.
6800–5600 v. Chr.	Nordamerika, Europa	Kühl und trocken, möglicherweise Ausrottung von Säugetieren, besonders in Arizona und Neumexiko
5600–2500 v. Chr.	Beide Hemisphären	Warm und feucht, ab 3000 v. Chr. warm und trocken (Klimatisches Optimum)
2500–500 v. Chr.	Nordhemisphäre	Allgemein warm und trocken mit Perioden heftigen Regens und intensiver Dürren
500 v. Chr. – 1 n. Chr.	Europa	Kühl und feucht; Maximum der Gletscher in Skandinavien und Irland zwischen 500 und 200 v. Chr.
330	Vereinigte Staaten	Dürre im Südwesten
600	Alaska	Gletschervorstoß
590–645	Naher Osten, England	Schwere Dürre im Nahen Osten, gefolgt von kalten Wintern; Dürre in England
673	Naher Osten	Schwarzes Meer zugefroren
800	Mexiko	Beginn einer feuchten Periode
800–801	Naher Osten	Schwarzes Meer zugefroren
829	Afrika	Eis auf dem Nil
900–1200	Island	Rückzug der Gletscher (Wikinger-Periode)
1000–1011	Afrika	Eis auf dem Nil

Tabelle 7-2 Fortsetzung

Zeit	Region	Klima
1000–1100	Utah	Schneegrenze 300 m höher als heute
1200	Alaska	Gletschervorstoß
1180–1215	Vereinigte Staaten	Feucht im Westen
1220-1290	Vereinigte Staaten	Dürre im Westen
1276–1299	Vereinigte Staaten	„Große Dürre" im Südwesten
1300–1330	Vereinigte Staaten	Feucht im Westen
1500–1900	Europa, Vereinigte Staaten	Allgemein kühl und trocken; periodische Gletschervorstöße in Europa (1541–1680, 1741–1770 und 1801–1890) und in Nordamerika (1700–1750); Dürre im Südwesten der Vereinigten Staaten von 1573 bis 1593
1880–1940	Beide Hemisphären	Anstieg der Wintertemperaturen um $1.5\,^\circ C$ Abnahme im Wasserstand des Großen Salzsees (US-Staat Utah) um 5,2 m; Vergletscherung der Alpen um 25 Prozent und reduzierte arktisches Eis um 40 Prozent reduziert, rascher Rückzug der Gletscher in den Patagonischen Anden (1910–1920) und den kanadischen Rocky Mountains (1931–1938).
1942–1960	Beide Hemisphären	Weltweite Temperaturabnahme und Stillstand des Gletscherrückzuges.

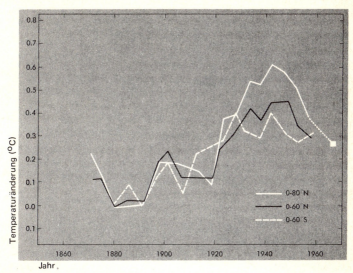

Abb. 7-5 Änderung der jährlichen Mitteltemperatur für verschiedene Breitenkreisbereiche während des Zeitraums von 1870 bis 1967 entsprechend den Analysen von J. Murray *Mitchell*. Nachgedruckt aus Man's Impact on the Climate, herausgegeben von William H. Matthews, et al. mit Genehmigung von The M.I.T. Press, Cambridge, Massachusetts, 1971.

ändern. Man stelle sich die Verwüstung der Küstenstädte der Erde vor, wenn der Meeresspiegel um einige Meter anstiege.

Seit etwa 1940 trat eine graduelle Abkühlung der Atmosphäre ein, die bis in die siebziger Jahre hinein andauerte. Das Seeis ist dichter geworden und rückt äquatorwärts vor. Wenigstens im Augenblick sind die Gletscher im Wachsen begriffen, und die Bedrohung durch steigende Ozeane kann zur Seite gestellt werden. Stattdessen haben gewisse Klimatologen mit düsterem Ausblick die Möglichkeit in Erwägung gezogen, daß wir auf eine neue Eiszeit zusteuern.

Hypothesen über die Änderung des Klimas

Es ist jetzt erkannt worden, daß eine einzelne Theorie nicht in der Lage ist, die beobachteten Klimaänderungen während der gesamten Erdgeschichte zu erklären. Das Problem, die Klimate der Vergangenheit zu erklären, ist ungeheuer, denn es muß die sich ändernde Konfiguration von Kontinenten und Ozeanen mit einschließen[7]. Es gibt nur geringen Zweifel daran, daß die Eiszeiten vor etwa 100 bis 400 Millionen Jahren auf Änderungen in der Land — See — Verteilung zurückgeführt werden können, als die Kontinentalmassen sich voneinanderwegbewegten.

Viele Wissenschaftler sind daran interssiert in welchem Ausmaß die Klimaänderungen der jüngsten Vergangenheit durch das Verhalten der Atmosphäre und der Ozeane im globalen Maßstab erklärt werden können. Wir wissen, daß das Klima einen Bezug zur Stärke und zum Charakter der allgemeinen Zirkulation hat, aber es ist immer noch nicht klar, welcher Faktor oder welche Faktoren die Variationen in der allgemeinen Zirkulation kontrollieren. Es wurden viele Hypothesen angeboten. Sie können in zwei Klassen unterteilt werden: (1) Theorien, die davon ausgehen, daß es Änderungen in der Energiemenge gegeben hat, die die Erde erreicht, hauptsächlich von der Sonne; (2) Theorien, die annehmen, daß die einfallende Sonnenstrahlung konstant ist, und klimatische Änderungen durch Modifikationen der Eigenschaften der Erdoberfläche oder der Atmosphäre verursacht wurden.

Verschiedene Klimatologen haben bestimmte Erscheinungen in der allgemeinen Zirkulation und im Klima mit mit der Zahl der Sonnenflecken in Zusammenhang gebracht. Eine der bekanntesten Theorien wurde im Jahre 1953 von Hurd *Willet,* damals am Massachussets Institute of Technology, unterbreitet. Er vertrat die Ansicht, daß die Änderungen des Klimas nicht durch graduelle Variationen in der Sonnenstrahlung verursacht werden, sondern durch die unregelmäßigeren, die mit den solaren Eruptionen einhergehen. Er verglich die Fluktuationen des Klimas während einer 200-jährigen Zeitspanne mit der beobachteten Sonnenfleckenhäufigkeit im gleichen Zeitintervall. Auf der Grundlage dieses zugegebenermaßen kurzen Zeitraumes nahm *Willet* an, daß es einen 80-jährigen Zyklus im Klimaverlauf gibt, der mit einem ähnlichen Zyklus im Auftreten der Sonnenflecken verbunden ist. Obgleich *Willets* Vorstellungen nicht weithin akzeptiert werden, erhielten sie einigen Rückhalt von Analysen, die aufzeigten, daß ein Anstieg der Sonnenaktivität nach einigen Tagen von einer Verschiebung der allgemeinen Zirkulation gefolgt wurde.

Der Zustand der Unsicherheit bei der Erklärung der Klimaänderungen kann durch die Erläuterung einiger der Theorien, die von etablierten Wissenschaftlern erarbeitet worden sind, verdeutlicht werden. Es wurde vorgeschlagen, daß Vulkanismus in folgender Weise die Entstehung von Eiszeiten erklären kann: Vulkanausbrüche bringen große Mengen von Staub in die Atmosphäre (siehe Abb. 1—2), und es wurde argumentiert, daß der Staub die Menge der absorbierten Sonnenenergie reduziere und zu niedrigeren Temperaturen führe. Neuere Arbeiten zeigen, daß diese Hypothese ernsthafte Mängel aufweist. Ob Partikel in der Atmosphäre als Nettoeffekt Erwärmung oder Abkühlung herbeiführen, hängt von den Eigenschaften der Partikel ab, der Höhe, in der sie sich befinden und von Reflexionsvermögen der darunterliegenden Erdoberfläche.

Andere Autoren waren der Ansicht, daß Änderungen im Klima durch Variationen im Kohlendioxidgehalt der Atmosphäre verursacht worden sind. Vulkanausbrüche waren die hauptsächlichen CO_2-Quellen, bevor die Energiegewinnung aus fossilen Brennstoffen, überall angewendet wurden. Die meisten Wissenschaftler sind jedoch der Ansicht, daß unrealistisch große Änderungen in der CO_2-Konzentration erforderlich gewesen wären, um die bekannten, während der geologischen Zeiten aufgetretenen Temperaturänderungen zu erklären.

Eine noch andere Hypothese zur Erklärung der Eiszeiten besagt, daß es Änderungen in der Erdumlaufbahn um die Sonne gegeben hat. Unglücklicherweise wird, wie William D. *Sellers* von der Universität von Arizona vermerkt, ,,im Augenblick eine kritische Bewertung der vielen Theorien über die Klimaänderung erschwert durch unser mangelndes Wissen über die physikalische Umgebung, in der wir leben."[8]

In der letzten Zeit haben Geophysiker ihre Aufmerksamkeit stark auf die Variationen der Temperatur der Erde während der letzten hundert Jahre gerichtet (Abb. 7−5). Sie waren besonders daran interessiert zu erfahren, ob die Erwärmungen oder Abkühlungen auf menschliche Aktivitäten zurückzuführen sein könnten. Es gibt keinen Zweifel daran, daß der Mensch seine Umgebung vielfältig verändert hat. Wie in Kap. 1 erwähnt, wurde die Zusammensetzung der Atmosphäre etwas verändert. Es ist zu einem bedeutenden Anstieg in der Kohlendioxidkonzentration gekommen und in geringerem Masse zu einem Anstieg in der Konzentration anderer Gase und Partikel. Oel von Schiffen und Bohrungen hat einen Ölfilm über dem größten Teil der Meeresoberfläche erzeugt. Felder und Wälder wurden eingeebnet und sind durch Straßen und Städte ersetzt worden. Große Wärmemengen werden in die Atmosphäre sowie in Flüsse und Seen gebracht.

Vor nicht allzu vielen Jahren wurde der Temperaturanstieg in der ersten Hälfte dieses Jahrhunderts von verschiedenen Autoren versuchsweise auf den Anstieg des Kohlendioxidgehalts, der während des gleichen Zeitraums auftrat, zurückgeführt. Es wurde argumentiert, daß das Kohlendioxid einen Teil der terristrischen Infrarotstrahlung absorbiert, die normalerweise durch die ,,Fenster" des

Wasserdampfabsorptionsspektrums in den Raum entweicht. Die Debatten über die Frage, wieviel zusätzliche Absorption für einen vorgegebenen Anstieg in der CO_2-Konzentration tatsächlich auftreten würde, sind noch immer im Gange. Ungeachtet der Unsicherheiten in dieser Frage, die auftraten, als der Anstieg im atmosphärischen CO_2-Gehalt von einem Anstieg der Temperatur begleitet wurde, gab es einige Besorgnis über das zukünftige Klima.

Wie in Kap. 1 gesagt wurde, kann der Anstieg in der CO_2-Konzentration während der letzten 70 Jahre auf die Verbrennung fossiler Brennstoffe zurückgeführt werden. Rund die Hälfte des freigesetzten Kohlendioxids verbleibt in der Atmosphäre, während der Rest durch die Ozeane absorbiert oder von Pflanzen aufgenommen wird. Es wurde geschätzt, daß bis Ende des 20. Jahrhunderts die CO_2-Konzentration einen Wert von ungefähr 380 ppm erreicht. Wären keine anderen Faktoren mit im Spiel, so würde der fortlaufende Anstieg des CO_2-Gehaltes zu einer kontinuierlichen Erwärmung führen. **Aber dieser Anstieg wirkt nicht allein.** Seit Mitte der vierziger Jahre gehen die weltweiten Temperaturen zurück (Fig. 7−5), obwohl die CO_2-Konzentration weiter zunimmt.

Eine Anzahl von Wissenschaftlern hat vermutet, daß die Abkühlung der letzten Jahrzehnte auf einen Anstieg der Partikelkonzentration in der Atmosphäre zurückzuführen sein könnte. Ein sorgfältige Analyse des Problems zeigt, daß, wenn alle anderen Faktoren konstant wären, und der Aerosolgehalt erhöht werden würde, die Lufttemperatur in Erdbodennähe nicht notwendigerweise abnähme. Wie zuvor gesagt wurde, hinge das Resultat sowohl von der Höhe ab, in der sich die Partikel befinden, als auch von ihren Eigenschaften und dem Reflexionsvermögen der Erde.

Die verfügbaren Beobachtungen der Partikelkonzentrationen in der Atmosphäre zeichnen ein verwirrendes Bild der Trends über dem Planeten als Grenzen. Die in Kaptel 1 gezeigten Kurven (Abb. 1−2) deuten darauf hin, daß die atmosphärischen Trübung über Mauna Loa, Hawaii im Jahre 1971 ungefähr die gleichen Werte aufweist wie Ende der 50-ziger und Anfang der 60-ziger Jahre. Es ist offenkundig, daß deutliche Anstiege im atmosphärischen Partikelgehalt, die in der Folge von großen Vulkanausbrüchen aufgetreten sind, nach einer Zeitspanne von einigen Jahren aus der Atmosphäre entfernt wurden.

Messungen über dem Atlantischen Ozean deuten darauf hin, daß sich die Partikelkonzentration zwischen den Jahren 1907 und 1970 nahezu verdoppelt hat. Beobachtungen nach der gleichen Methode zeigten im Südpazifik keine Änderung im Partikelgehalt.

Zusammenfassend kann gesagt werden, daß die vorliegenden, begrenzten Daten nicht leichthin die Vorstellung unterstützen, daß die Abkühlung der Atmosphäre seit den vierziger Jahren einfach auf die zugenommene Partikelverschmutzung zurückgeführt werden kann.

Theoretische Studien der allgemeinen Zirkulation lassen deutlich werden, daß Klimaänderungen nicht durch Betrachten einer oder zweier der veränderlichen Eigenschaften der Atmosphäre oder der unterliegenden Oberfläche erklärt werden können. Wie früher schon gesagt wurde, ist die allgemeine Zirkulation ein komplexer Mechanismus mit vielen Rückkoppelungen und Effekten zweiter Ordnung. Eine Änderung in einer Komponente verursacht Änderungen in anderen, die auf die erste zurückwirken und so fort. Beispielsweise kann ein Anstieg in der Temperatur erhöhte Verdunstung verursachen, was einen Anstieg in der relativen Feuchte und der atmosphärischen Instabilität zur Folge hätte. Das würde zur Bildung von Wolken führen, die bessere Reflektoren als die Erdoberfläche sind, und damit einer Minderung der in der unteren Atmosphäre eintreffenden Sonnstrahlung und letztlich zu einer Abkühlung der unteren Atmosphäre. Viele Wissenschaftler haben die Ansicht geäußert, daß eine angemessene Erklärung der klimatischen Fluktuationen und möglicher menschlicher Einflüsse die Entwicklung wesentlich besserer theoretischer Modelle erfordert, als heute existieren. Man hofft, daß ein angemessenes mathematisches Modell entwickelt werden kann, das den vielen, sich gegenseitig beeinflussenden Faktoren Rechnung trägt.

Die Beobachtungen, die sich schon in den meteorologischen Archiven der ganzen Welt befinden, sind sehr wertvoll bei der Beschreibung der Klimaänderungen der letzten Jahrhunderte, aber sie sind bei weitem nicht ausreichend. Sie schließen keine Messungen der chemischen Zusammensetzung der Luft mit ein.

Man müßte dringend mehr vollständige, systematische Messungen der Eigenschaften der Atmosphäre sowie der Oberflächeneigenschaften der Kontinente und Ozeane vornehmen. Solche Daten werden als die Geschichte der Klimaänderung über die Jahre hinweg dienen und hoffentlich zu einer ausreichend guten Erklärung des Klimas der Erde führen.

8 Anwendungen meteorologischen Wissens

Wetter und Klima üben auf den Menschen und seine Besitztümer vielfältige Einflüsse aus, manche sind offensichtlich, aber andere können so unterschwellig sein, daß sie vielleicht gar nicht bemerkt werden. Beispielsweise gibt es beachtliche Anzeichen dafür, daß das Wetter auf bestimmte Individuen merkliche physische und psychische Einflüsse ausüben kann. Viele Menschen haben Verbindungen zwischen einigen Erscheinungen des Wetters und asthmatischen, arthritischen oder Nebenhöhlenbeschwerden berichtet. Diese Behauptungen haben einigen Wahrheitsgehalt, obgleich sie nicht befriedigend erklärt werden können.

Wenn ein starker Föhnwind weht (Kap. 2), leiden viele Menschen unter ausgeprägtem physischen und psychischen Beschwerden. Erstere können den hohen Temperaturen und der extremen Trockenheit zugeschrieben werden. Es ist nicht klar, warum diese Winde von einer Zunahme der psychischen Labilitäten, Kopfschmerzen und Selbstmorde begleitet werden. Verschiedene Autoren haben die Entscheidungen großer Männer wie Abraham Lincoln mit dem Zustand der Atmosphäre in Verbindung gebracht. Natürlich wird man oftmals Erfolg haben, wenn man darauf aus ist, derartige Zusammenhänge zu finden, auch wenn sie real nicht existieren. Nichtsdestoweniger ist es sicherlich wahr, daß das Wetter uns manchmal ein gutes Gefühl verleiht, wärend es in anderen Fällen den gegenteiligen Effekt hat. Ein warmer, sonniger Tag nach einem langen, kalten Winter läßt die Welt in einem helleren Licht erscheinen.

Es gibt viele direkte Wege, durch die das Wetter das Leben auf der Erde beeinflußt. In früheren Kapiteln wurden die verheerenden Auswirkungen heftiger Stürme erwähnt. Die Bedeutung ausreichender Niederschlagsmengen ist offensichtlich. Wir können sicher sein, daß der Mensch im Laufe der Zeit danach getrachtet hat, die Natur der Atmosphäre zu verstehen und diese Erkenntnisse zur Verbesserung seiner Lebensumstände zu nutzen.

Als bessere Beobachtungs- und Nachrichtenübermittlungstechniken entwickelt wurden und die Entwicklung von Wissenschaft und Technologie voranschritt, haben wir das sich anhäufende Wissen in ständig steigendem Masse genutzt.

Die Nutzung klimatologischer Daten

Die verfügbaren klimatologischen Daten haben einen weiten Anwendungsbereich. Beispielsweise ist es beim Flughafenbau wichtig, daß die Start- und Landebahnen entlang der vorherrschenden Windrichtung angelegt werden, denn Flugzeuge starten und landen gegen den Wind. Ein Diagramm, wie das in Abb. 8–1 gezeigte, zusammengestellt aus Beobachtungen der Vergangenheit, und eine Windrose genannt, zeigt, daß die vorherrschende Windrichtung in der bestimmten Gegend Südost ist und gibt einem Flughafenplaner die Richtung an, in der die Rollbahnen angelegt werden sollten.

Erfolgreiche Landwirtschaft hängt von der vernünftigen Anwendung klimatologischen Wissens ab. Der Anbau von Ertragspflanzen muß den Zeitpunkten Rechnung tragen, an denen die Temperaturen wahrscheinlich unter den Gefrierpunkt gehen, ebenso wie der Dauer und den Charakteristiken der Wachstumsperiode. Frostempfindliche Gemüsepflanzen können nicht in die Erde gebracht werden, bevor die Wahrscheinlichkeit eines tödlichen Frostes sehr gering ist. Gleichzeitig können Pflanzenfachleute die Anzahl von Tagen mit Temperaturen über dem Gefrierpunkt angeben, die die meisten Ertragspflanzen für ihr Gedeihen benötigen, und dadurch Grenzen für den Erfolg einer Vegetationsart in einem gegebenen klimatologischen Regime setzen.

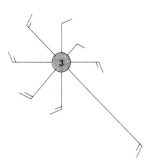

Abb. 8-1 Eine Windrose für Tucson, Arizona, die die relative Häufigkeit verschiedener Windrichtungen zeigt. Die Länge des Pfeiles ist proportional zur prozentualen Häufigkeit des Windes aus dieser Richtung. Die Zahl in der Mitte gibt die prozentuale Häufigkeit von Windstillen an. Die mittlere Windgeschwindigkeit in Knoten wird durch die Fähnchen angegeben. Jede volle Länge entspricht 5 Knoten.

Kenntnisse des Klimas sind ebenfalls wichtig für Viehzüchter, Milchhändler, Geflügelzüchter. Gewisse Tiere reagieren in ausgeprägter Weise auf die Temperatur- und Feuchtigkeitsverhältnisse. Wenn es zu heiß und schwül ist, nimmt der Ertrag bei Haustieren ab. Sie fressen weniger und produzieren geringere Mengen an Milch und

Eiern, das Vieh setzt nur wenig Gewicht an. Ein moderner Farmer nützt seine Klimakenntnisse, um für seinen Viehbestand Schutzvorrichtungen für die Zeiten des Jahres zu treffen, in denen extreme Hitze oder Kälte erwartet werden kann.

Die Fluggesellschaften müssen gut über Klima und Wetter informiert sein. Dies wurde in den frühen Tagen der Fliegerei erkannt und erklärt die Tatsache, daß die Fluggesellschaften eine wichtige Rolle bei der Errichtung von Wetterbeobachtungsstationen über der ganzen Erde gespielt haben. Es ist wichtig, bei der Ausrichtung der Rollbahnen die vorherrschende Windrichtung zu kennen, wie wir schon erwähnt haben, und für einen effizienten Flugbetrieb werden noch viel mehr meteorologische Informationen benötigt.

Die Länge der Rollbahnen, die für den Start eines Flugzeuges benötigt werden, hängt von den Eigenschaften der Luft in Erdbodennähe ab. Wenn die Luft wärmer und feuchter wird, nimmt ihre Dichte ab. Ebenso nimmt die Dichte mit zunehmender Höhe ab. Wie auch immer, je geringer die Dichte der Luft, desto höher muß die Geschwindigkeit des Flugzeugs sein, damit die aerodynamischen Kräfte groß genug sind, um das Flugzeug abheben und steigen zu lassen. Aus diesem Grunde benötigt man an Orten wie Tucson (US-Staat Arizona), wo an heißen Sommernachmittagen Temperaturen von über $40°$ C nicht ungewöhnlich sind, lange Startstrecken, wenn ein großes, schwer beladenes Flugzeug den Platz verläßt. Das gleiche ist in Denver (US-Staat Colorado) der Fall, in einer Höhe von etwa 1600 m über dem Meeresspiegel. An solchen Orten sind die Startstrecken sogar noch höher, wenn hohe Temperaturen und hohe Luftfeuchten auftreten.

Der Leser kann sicherlich noch an viele andere Möglichkeiten denken, in denen die Kenntnis klimatologischer Mittelwerte nutzbringend eingesetzt werden kann. Ein Bereich, wo sie nicht in ausreichender Weise genutzt wurden, ist die Stadtplanung. Wäre es beispielsweise nicht vernünftiger, Industrieansiedlungen und andere Luftverschmutzungsproduzenten in der windabgewandten Seite von Wohngegenden zu haben? Unglücklicherweise tragen die Stadtplanungskommissionen in vielen Gegenden nicht den klimatologischen Gegebenheiten der Region Rechnung.

Die Wettervorhersage

Klimatologische Daten finden breite Anwendung und sind von grossem Wert bei der Planung einer großen Anzahl menschlicher Unternehmungen. In vielen Fällen kann die genaue Vorhersage des Wetters von noch größerem Wert sein.

In bestimmten Fällen wäre sogar eine korrekte Vorhersage für ein paar Minuten sehr wertvoll. Beispielsweise würde die Vorhersage, daß ein Tornado ein Gebäude, sagen wir eine Schule, in fünf Minuten erreichen wird, den Betroffenen die Möglichkeit geben, Schutzmaßnahmen zu ergreifen. An geschäftigen Flughäfen, wie O'Hare in Chicago, wäre eine präzise Vorhersage, daß der Flughafen wegen Nebels in fünf Minuten nicht mehr benutzt werden kann, eine große Hilfe für Fluglotsen und Piloten. In O'Hare starten und landen manchmal mehr als ein Flugzeug pro Minute. Falls in der letzten Minute vor der Landung Flugzeugen keine Landerlaubnis mehr erteilt werden kann und sie zu Ausweichflughäfen geschickt werden müssen, können sogar Minuten große Kostenersparnis und sicheren Flugbetrieb bedeuten.

Die meisten Wettervorhersagen werden für einen Zeitraum von mehreren Stunden bis zu etwa zwei Tagen gemacht. Vorhersagen der täglichen Niederschlagsmenge und der Temperatur werden regelmäßig für Zeitspannen bis zu drei bis fünf Tagen gemacht. Für längere Zeiten, bis zu etwa einem Monat können allgemeine Ausblicke für die Mitteltemperatur gegeben werden, aber je länger der Zeitraum, desto weniger genau ist die Vorhersage. Wenn man die Fertigkeit eines Meteorologen in der Wettervorhersage messen will, reicht es nicht aus, nach dem prozentualen Anteil richtiger Vorhersagen zu fragen. Das wird klar, wenn man sich überlegt, wie gut Regen in Yuma (US-Staat Arizona) während der sehr trockenen Monate Mai und Juni vorhergesagt werden kann. Während dieses Zeitraumes fiel in den Jahren 1960 bis 1969 nur an vier von insgesamt 610 Tagen meßbarer Regen (mehr als 0.25 mm). Das heißt, daß die Wahrscheinlichkeit von Regenfällen kleiner als ein Prozent war. Dies wird wahrscheinlich auch in Zukunft der Fall sein. Jeder kann in Kenntnis dieser Tatsachen „kein Regen" für Yuma im Mai und Juni 1990 vorhersagen mit der Zuversicht, in nahezu 99% aller Fälle richtig zu liegen. Der prozentuale Anteil ist hoch aber er ist kein Maß für die Güte der Vorhersage, er deutet lediglich darauf hin, daß die klimatologischen Daten hohen Vorhersagewert haben. Wie bereits gesagt, sind solche Informationen sehr wertvoll, aber um seine Fertigkeit zu beweisen, sollte ein Wettervorhersager besseres leisten, als nur die Klimatologie zu benutzen. So kann er einen hohen Anteil korrekter Wettervorhersagen erreichen, er verpaßt aber die Wetteränderungen. In Yuma beispielsweise würde eine gute Vorhersage jene raren Tage genau vorhersagen, an denen Regen auftritt.

Die Meteorologen haben viele Schemata entworfen, um ihre Fertigkeiten zu bewerten. Die besseren sind diejenigen, die die Vorhersagen mit klimatologischen Erwartungswerten vergleichen. Das Verfahren, das von den meisten Meteorologen benutzt wird, besteht in der Untersuchung der letzten Wetterbeobachtungen und des Zustandes der Atmosphäre und darauf aufbauend in der Vorhersage der erwarteten Änderungen. Die zu Anfang benötigte Datenmenge ist dabei umso größer je länger der Vorhersagezeitraum ist. Dies wird in Abb. 8−2 veranschaulicht. Wenn man eine Vorhersage für 12−36 Stunden anfertigt, ist die Trägheit der Atmosphäre groß genug, so daß es ausreicht, nur Daten von einem kleinen Teil der Erde zu berücksichtigen. Erstreckt sich der Vorhersagezeitraum über drei bis fünf Tage, dann ist es notwendig, die Ausgangsbedingungen über einer ganzen Hemisphäre zu kennen und Austauschprozesse von verschiedenen Energieformen zwischen der Atmosphäre und der Erdoberfläche mitzuberücksichtigen. Dies ist besonders über

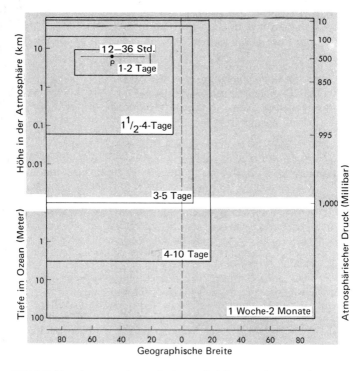

Abb. 8-2 Von den angegebenen Regionen sind Ausgangsdaten zur Vorhersage des Wetters am Punkt P für die bezeichneten Vorhersagezeiträume erforderlich. Der weiße Streifen stellt die Grenzfläche Ozean-Atmosphäre dar. Aus J. Smagorinsky, Bulletin of the American Meteorological Society, 1967, 48: 89-93.

den Ozeanen von Bedeutung. Wird eine Vorhersage auf zwei Wochen ausgedehnt, müssen die Anfangsbedingungen auf der ganzen Erde bekannt sein und in den Ozeanen bis zu einer Tiefe von mehreren Metern.

Bis vor kurzem hingen die Wettervorhersagen größtenteils von subjektiven Analysen von Boden- u. 500 mb- Wetterkarten ab. Mit Hilfe von Extrapolationen und empirischen Regeln wurden die Lagen von Fronten, Positionen und Intensitäten von Hoch- und Tiefdruckgebieten vorhergesagt. Wenn das getan war, wurde das tatsächliche Wetter (d.h. Wolken, Niederschlag und Temperaturen) meist auf der Grundlage von Luftmassencharakteristiken, Windströmungen und Frontenpositionen vorhergesagt. Einige Leute, die diese Techniken anwendeten, machten Vorhersage von erstaunlicher Genauigkeit. Unglücklicherweise war dieser Weg in gleichem Maße intuitive Kunst wie Wissenschaft. Herausragende Vorhersager schienen nicht in der Lage zu sein, anderen zu lehren, wie es gemacht wird.

Seit Ende der vierziger Jahre werden in der Wettervorhersage in zunehmendem Maße mathematische Modelle angewendet.

Dieser Weg wurde durch Fortschritte in der Formulierung mathematischer Modelle der Atmosphäre und durch die Entwicklung schneller elektronischer Rechner ermöglicht. Die allgemeine Vorge-

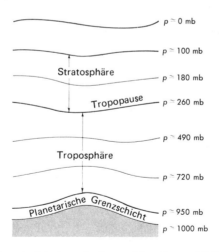

Abb. 8-3 Die sechs Schichten der Atmosphäre, die vom US-Wetterdienst in einem baroklinen, numerischen Vorhersagemodell verwendet werden. Aus F.G. *Shuman* und J. B. *Hovermale,* Journal of Applied Meteorology, 1968, 7: 525-547.

hensweise ist ähnlich der, die man bei der Entwicklung eines theoretischen Modells der allgemeinen Zirkulation anwendet (s. Kap. 3). Es wird ein Gleichungssystem hergeleitet, das zeitliche Änderungen im Zustand der Atmosphäre angibt. Es berücksichtigt die Luftbewegungen, Temperaturen und Luftfeuchtigkeiten, sowie die Verdunstung an der Erdoberfläche, weiterhin Wolken, Regen und Schnee und verschiedene Impuls-Verdunstungs- und Energietransfermechanismen. Für die tägliche Wettervorhersage wendet der US-Wetterdienst ein numerisches Modell an, in dem die Atmosphäre in sechs Schichten unterteilt ist (Abb. 8—3).

In Versuchsprogrammen über die Anwendung numerischer Modelle zur ein bis zweiwöchigen Wettervorhersage ist die Atmosphäre in bis zu elf Schichten unterteilt worden.

Da die mathematischen Modelle Änderungen im Zustand der Atmosphäre mit der Zeit berechnen, ist es für eine exakte Vorhersage erforderlich, mit möglichst genauen und vollständigen Ausgangsdaten zu beginnen. Meteorologische Beobachtungen nahe der Erdoberfläche und in den interessierenden Höhenstufen werden zweimal täglich um $00^{\circ\circ}$h GMT und um $12^{\circ\circ}$h GMT (Mittlere Greenwicher Zeit) mittels Radiosondenstationen über den meisten kontinentalen Regionen der Erde und an einigen Schffen und Inseln durchgeführt.

In der US-Wetterzentrale werden Wetteranalyse und -vorhersage nahezu vollständig von Computern durchgeführt. Beobachtungen von Temperatur, Druck und Windgeschwindigkeit werden gesammelt; dann werden automatische Techniken angewendet, um Karten zu zeichnen, die die Verteilung dieser Größen zeigen. Die Rechner benutzen das erwähnte mathematische Modell, um Druck-, Temperatur- und Windverteilung in verschiedenen Höhen der Atmosphäre zu berechnen. Vorhersagekarten für verschiedene Zeiträume bis zu 48 Stunden werden automatisch gezeichnet (Abb. 8—4). In Abb. 4—5 haben wir ein Beispiel einer Vorhersage gezeigt, die mittels eines im täglichen Einsatz befindlichen mathematischen Modells gemacht wurde.

Durch die Vorhersage von Größen wie Vertikalgeschwindigkeit, atmsophärischer Stabilität und Feuchte geben die Modelle auch die Verteilungen des zu erwartenden Niederschlags her (Abb. 8—5). Die Karten, die die erwarteten Strömungsverteilungen und das Wetter zeigen, werden mittels eines Bildfunk-Netzes über die gesamten Vereinigten Staaten und das Ausland verbreitet.

Die Anfang der siebziger Jahre im Gebrauch befindlichen Modelle berücksichtigen immer noch nicht genügend Details (z.B. die Auswirkungen lokaler Topographie) um hinreichend genaue Temperatur- und Niederschlagsvorhersagen zu liefern. Aus diesem

Abb. 8-4 Konturen des Luftdrucks oder des Geopotentials 48 Std. nach der Ausgangslage: (A) 500 mb beobachtet: (B) 500 mb vorhergesagt; (C) Meereshöhe beobachtet; (D) Meereshöhe vorhergesagt. Aus F. G. *Shuman* und J.B. *Hovermale,* Journal of Applied Meteorology, 1968, 7: 525-547.

Grunde werden die Strömungsverteilungen, Wolken- und Niederschlagskonfigurationen die durch numerische Berechnungen erstellt wurden, von den Wettervorhersagern an den einzelnen Stationen als Leitlinien verwendet. In zunehmendem Masse werden die Informationen aus den Vorhersagekarten als Eingangs-Daten für statistische Verfahren verwendet, bei denen das Wetter eines bestimmten Ortes mit den Werten von Luftdruck, Temperatur und Feuchte an einem oder mehreren Orten verknüpft ist. Die statistischen Methoden ermöglichen die Vorhersage des wahrscheinlichen Eintretens bestimmter Wettererscheinungen.

Viele Jahre lang hat der US-Wetterdienst bei der Ausgabe seiner täglichen Vorhersagen Formulierungen wie „vereinzelte Schauer" oder „verbreitet Regen" gebraucht. Etwa seit 1965 wurde eine mehr quantiative Verfahrensweise eingeführt und Niederschlagsvorhersagen durch Wahrscheinlichkeiten ausgedrückt. Eine Vorhersage könnte sich demnach so anhören: „Die Wahrscheinlichkeit für Regen beträgt heute 30 Prozent." Das bedeutet, daß nur an drei von zehn willkürlich ausgewählten Punkten des Vorhersagebereichs während des Tages (8 h bis 20 h) 0.25 mm oder mehr Regen auftreten werden.

Wahrscheinlichkeitsvorhersagen berücksichtigen die Natur des Niederschlags ebenso wie das Selbstvertrauen des Meteorologen. Im Sommer, wenn Schauer die übliche Niederschlagsform sind, sind die Wahrscheinlichkeiten gewöhnlich gering sogar, wenn sich der Meteorologe ziemlich sicher ist, daß einige Schauer auftreten werden. Im Winter sind weitverbreiteter Regen oder Schnee die Regel und höhere Niederschlagswahrscheinlichkeiten sind nicht ungewöhnlich.

Da die Vorhersage der Niederschlagswahrscheinlichkeit ein numerisches Maß der Wahrscheinlichkeit ist, mit der ein bestimmter Ort Regen abbekommt, kann man seine Vorhaben sinnvoller planen, als wenn eine weniger quantitative Methode verwendet würde. Wenn Sie z.B. vorhaben, ein Picknick zu machen, würde eine Regenwahrscheinlichkeit von 30 Prozent Sie nicht dazu veranlassen, Ihren Sinn zu ändern und zu Hause zu bleiben. Wenn Sie andrerseits ein Vorhaben planen, für das Regen ruinös wäre, würden Sie einen Tag bevorzugen, an dem die Regenwahrscheinlichkeit sehr gering ist — sagen wir weniger als fünf Prozent.

In vielen Bereichen ist es möglich, die Gewinne und Verluste zu berechnen, die auf verschiedene Wetterphänomene zurückzuführen sind. Eine Elektrizitätsgesellschaft beispielsweise kennt die Verluste, die sie durch Stromausfälle durch Blitzeinschläge erleidet, und eine Baufirma kann die Verluste berechnen, wenn das Vergießen von Beton durch Regen verhindert wird. Es kann gezeigt werden, daß viele wetterbezogenen Verluste reduziert werden können, wenn verläßliche Wahrscheinlichkeitsvorhersagen regelmäßig benutzt werden.

12-stündige Niederschlagssummen in Millimetern

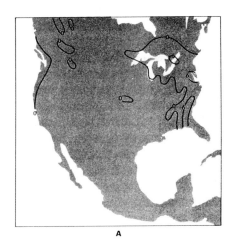

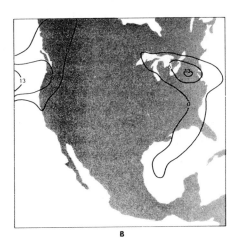

Abb. 8-5 Niederschlagssumme 12 bis 24 Std. nach der Anfangszeit: (A) beobachtet; (B) vorhergesagt. Aus F. G. Shuman und J. B. Hovermale, Journal of Applied Meteorology, 1968, 7: 525-547.

Die Beeinflussung des Wetters

Obgleich die Geschichte reich an Beispielen ist, wie der Mensch versucht hat, das Wetter zu verändern, reichen merkliche Fortschritte nur bis etwa zum Jahre 1946 zurück, als Vincent J. *Schäfer* am General Electric Research Laboratory gezeigt hat, daß Trockeneis benutzt werden kann, um in unterkühlten Wolken Eiskristalle zu erzeugen. Kurz darauf entdeckte sein Kollege Bernard *Vonnegut*, daß gewisse andere Substanzen wie Silberjodid und Bleijodid wirkungsvolle Eiskerne sind (Kap. 5). Sie erzeugen Eiskristalle wenn die Wolkentemperaturen bei etwa -6°C liegen (Tabelle 5-1). Wird eine unterkühlte Schicht von Stratuswolken oder Nebel mit kleinen Eispartikeln oder mit aus Silberjodid bestehendem Rauch besät, dann entsteht eine große Anzahl von Eiskristallen. Diese Kristalle wachsen durch die in Kapitel 5 beschriebenen Prozesse rasch an, fallen in

Abb. 8-6 Als diese unterkühlte Altostratuswolke mit Trockeneis besät wurde, entstand ein Loch, während die Eiskristalle wuchsen und durch die Wolke fielen. Mit frdl. Genehm. von Lt. Col. J. F. *Church*, U.S. Air Force Cambridge Research Labs.

fünf bis zehn Minuten aus der Wolke aus und hinterlassen ein Loch, durch das man den Erdboden sehen kann (Abb. 8–6).

Dieses Verfahren wird benutzt, um unterkühlten Nebel aufzuklären, der über bestimmten Flughäfen in den USA, der Sowjetunion und Frankreich auftritt.

Die Beobachtungen zeigen jedoch, daß etwa 95% der in den Vereinigten Staaten auftretenden Nebel „warm" sind, d.h. sie weisen Temperaturen von über 0°C auf. In diesen Fällen hat das Besäen mit Eiskernen keine Wirkung. Einige warme Nebel können durch Besäen mit großen Salzpartikeln aufgelöst werden, aber dieses Verfahren wird als ökonomisch undurchführbar angesehen.

Nebel können durch Erwärmung mit Ölbrennern verdunstet werden, wie geschehen in England während des 2. Weltkrieges, aber dieses Verfahren erzeugt Rauch und ist teuer. Die heißen Abgase von Düsentriebwerken, die entlang der Rollbahn aufgebaut sind, können Nebel auflösen, aber sie erzeugen auch Turbulenzen, die kleinere Flugzeuge gefährden können. Kurz gesagt: Mitte der siebziger Jahre gab es noch keine zufriedenstellende Methode zur Auflösung von warmen Nebel auf Flughäfen.

Die meisten Anstrengungen das Wetter zu ändern zielten darauf zu erfahren, wie Regen- oder Schneefälle vemehrt werden können. Periodische Dürren, besonders in landwirtschaftlichen Gegenden der Welt und die wachsende Nachfrage nach Frischwasser haben die Suche nach neuen Wasserquellen lebenswichtig gemacht. Zwischen Metorologen und Statistikern gibt es noch immer große Debatten über die Möglichkeit des „Regenmachers" durch Wolkenbesäung. Der Hauptgrund für diese Diskrepanzen liegt bei Schwierigkeiten in der Auswertung der Resultate von Wolkenbesäungsexperimenten. Nachdem beispielsweise eine Wolke oder ein Unwettersystem besät und der Niederschlag gemessen wurde, gibt es keine Möglichkeit genau festzustellen, wieviel gefallen wäre, wenn nicht besät worden wäre. Wettervorhersagetechniken können noch immer keine hinreichend genauen Vorhersagen machen, um diese Frage zu beantworten. Die Auswirkungen der Besäung werden nur als relativ gering eingeschätzt im Verhältnis zur sehr variablen Natur des Niederschlags. Aus diesem Grund müssen empfindliche, gut durchdachte statistische Tests angewendet werden. Der am meisten zufriedenstellende Weg schließt ein Zufallsverteilungsverfahren mit ein, in dem nur ein Bruchteil (gewöhnlich die Hälfte) der in Frage kommenden Wolken oder Wettersysteme besät werden. Dann wird die besäte Gruppe sehr genau mit der nicht besäten verglichen, und es wird die Wahrscheinlichkeit berechnet, mit der die beobachteten Unterschiede zufällig sind und nicht durch die Besäung verursacht wurden.

Der wissenschaftliche Konsensus Mitte der siebziger Jahre war, daß unter bestimmten meteorologischen Bedingungen die Eiskernbesäung den Niederschlag in einem Gebiet von einigen Dutzend Kilometern Durchmesser um 10–30% erhöhen könnte. Unter anderen Bedingungen könnte die Besäung den Niederschlag um den gleichen Betrag verringern. Unter noch anderen Umständen würde die Besäung überhaupt keine Wirkung haben. Unglücklicherweise wurden bei der Identifizierung der jeweils erforderlichen Bedingungen nur geringe Fortschritte erzielt.

Noch ungelöst ist die wichtige Frage, wie weit windabwärts vom „Zielgebiet" mit Auswirkungen durch die Besäung zu rechnen ist. Es gbit einige Hinweise, daß sich der Einfluß der Besäung mehr als 200 km windabwärts von der fraglichen Region ausdehnen könnte, aber die Argumente für oder gegen eine großräumige Zu- oder Abnahme des Niederschlags sind nicht schlüssig und bedürfen weiterer Forschungen.

Aufgrund der zerstörerischen Auswirkungen von Hagel, besonders auf die Vegetation, gibt es in vielen Ländern Programme, um Wege zur Reduzierung schadenanrichtenden Hagels zu finden. Aktivitäten dieser Art haben eine lange Geschichte. Schon im 16. Jahrhundert wurden Kirchenglocken geläutet und Kanonen abgefeuert, um schwere Gewitter abzuwehren. Im Jahre 1750 verbot die Erzherzogin von Österreich den Gebrauch von Feuerwaffen zur Hagelabwehr aufgrund von Disputen zwischen angrenzenden Landeignern über die Auswirkungen des Abfeuerns. Seit der Zeit hat es verschiedene, langandauernde Versuche gegeben, in denen Explosivstoffe verwendet wurden, um Schaden durch Hagel zu vermindern. Nach dem 2. Weltkrieg haben Bauern in Norditalien begonnen Raketen zu benutzen, um die Explosivstoffe in Gewitter hineinzutragen, die ihre Obstgärten zu verhageln drohen. Es ist zweifelhaft, ob irgendeine dieser Methoden eine große Wirkung auf den Hagel ausgeübt hat.

Die Attacken gegen den Hagel auf mehr wissenschaftlicher Grundlage hatten zum Ziel, das Wachstum der Hagelkörner dadurch zu beeinflussen, daß sie die Masse jeden einzelnen Kornes verringern und die Anzahl der Körner vergrößern. Bei den meisten dieser Versuche wurde davon ausgegangen, daß der verfügbare Vorrat an unterkühltem Wasser in einem Hagelgewitter im wesentlichen feststeht. Es wird weiter angenommen, daß sich die durchschnittliche Größe der Hagelkörner verringer würde, falls man ihre Anzahl vergrößern könnte. Weiterhin geht man davon aus, daß man die Zahl der Hagelkörner durch Hineinbringen einer großen Menge von Eiskernen in den unterkühlten Teil der Wolke vergrößern kann. Das Ziel ist dabei, Hagelkörner zu erzeugen, die klein genug sind (kleiner als etwa 5 mm), um auf ihrem Fallweg durch den warmen Teil der Atmosphäre — unterhalb der $0°$-Isotherme — zu schmelzen. In diesem Fall würde der Niederschlag den Erdboden als nutzbringender Regen statt als schadenanrichtender Hagel erreichen.

In den Vereinigten Staaten, Europa, Afrika und Argentinien wurde die Besäung von Hagelgewittern meist von Flugzeugen oder vom Erdboden aus durchgeführt. Die Ergebnisse waren unterschiedlich und sind schwierig zu interpretieren. In der Sowjetunion wurden Eiskerne mit Raketen und Artillerie in den unterkühlten Teil potentieller Hagelunwetter gefeuert. Sojwetische Wissenschaftler haben mehr als zehn Jahre lang überraschend beständige und hervorragende Erfolge berichtet. Jahr für Jahr haben sie behauptet, Ernteschäden um 60—80% zu verringern. In den USA wurde im Jahre 1972 mit einem unabhängigen Test des sowjetischen Verfahrens begonnen.

Blitze, die den Erdboden erreichen sind ebenfalls eine ernsthafte natürliche Gefährdung. Durch Blitzschlag kommen pro Jahr mehr Menschen ums Leben als durch Tornados. Es treten gewöhnlich nur ein oder zwei Todesfälle auf einmal auf und daher erregen sie nicht so viel Aufsehen, wie eine Naturkatastrophe, die weitverbreitete Schäden, Verletzungen und Todesfälle verursacht. Jedermann ist mit den durch Blitzeinschlag verursachten Wald- und Graslandbränden vertraut. In jedem Sommer werden in den USA etwa 9000 solcher Brände entzündet. Seit Ende der 50-ziger Jahre gibt es eine Anzahl von Programmen, die darauf ausgerichtet sind, das Auftreten von Blitzen zu reduzieren. Wissenschaftler des US Forest Service haben Experimente durchgeführt, in denen potentielle Blitzunwetter mit Silberjodidkernen besät wurden. Man hoffte, daß durch Änderung der Natur der Wolken- und Niederschlagsteilchen die elektrische Ladung der Wolken und dadurch die Entladung durch Blitze auf den Erdboden herabgesetzt werden könne. Die Forschungen brachten einige ermutigende Resultate, aber es ist noch nicht überzeugend nachgewiesen worden, daß Besäung mit Eiskernen das Auftreten von brandauslösenden Blitzen verläßlich herabmindern kann.

In den USA werden noch einige andere Methoden zur Beeinflussung des Auftretens von Blitzen getestet. Eine davon verwendet Millionen kurzer Metallnadeln, die in in Entwicklung befindliche Kumulunimbuswolken eingestreut werden. Sie sollen den Aufbau von Zentren in der elektrischen Ladung verhindern, die für das Auftreten von Blitzen erforderlich sind.

Aus Gründen, die in Kapitel 6 erwähnt wurden, üben Hurrikane eine sehr zerstörerische Wirkung auf Lebewesen und Besitz-

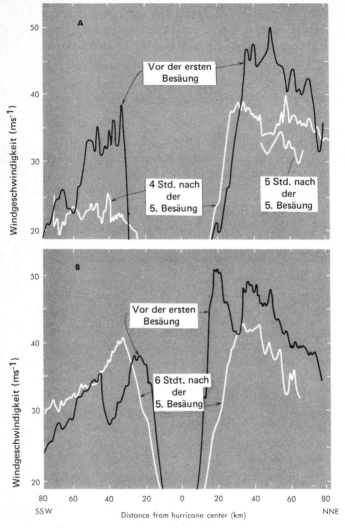

Abb. 8-7 Änderungen der Windgeschwindigkeit mit der Zeit im Hurrikan Debbie am (A) 18. August 1969 und (B) am 20. August 1969. Die Winde wurden von einem Flugzeug gemessen, das in einer Höhe von 3600 m entlang einer von Südsüdwest nach Nordnordost orientierten Bahn flog. Aus R. C. *Gentry,* Science, 1970, 168: 437-475. Copyright 1970 by the American Association for the Advancement of Science.

tümer aus; besonders diejenigen, die über tiefliegende Küstenlandstriche hinwegziehen. Viele Wissenschaftler sind der Ansicht, daß es zu einer Verringerung von Schäden und Verlusten an Menschenleben käme, wenn die maximalen Windgeschwindigkeiten in Hurrikanen herabgesetzt werden könnten. Die Ansicht, daß Hurrikane durch Eiskernbesäung beeinflußt werden können, wurde zuerst von dem berühmten Wissenschaftler Irving *Langmuir* vorgetragen, der einen ersten Test im Jahre 1947 durchführte. Obwohl dieses Thema seit etwa 1960 sehr viel Interesse gefunden hat, wurden nur etwa ein halbes Dutzend Hurrikanbesäungstests durchgeführt.

Die am meisten zufriedenstellenden Tests wurden am 18. und 20. August 1969 gemacht, als der Hurrikan Debbie von Flugzeugen des Projekts Stormfury, einem gemeinsamen Programm der US-National Oceanic and Atmospheric Adminstration und der US-Navy, besät wurde. Wie in Abb. 8–7 gezeigt, nahmen die Spitzengeschwindigkeiten in einer Flughöhe von rund 3600 m im Hurrikan nach beiden Besäungsperioden merklich ab. Ermutigenderweise haben mathemathische Analysen gezeigt, daß eine Eiskernbesäung außerhalb des Bereichs maximaler Winde eine Herabsetzung der Spitzengeschwindigkeiten verursachen müßte. Diese Experimente und theoretischen Resultate haben zu dem Gefühl von vorsichtigem Optimismus geführt, daß Hurrikane abgeschwächt werden können. Noch gibt es viele Unsicherheiten. Es wird als wesentlich angesehen, daß noch einige zusätzliche Versuche über den offenen Ozeanen durchgeführt werden müssen, bevor man Hurrikane besät, die kurz davor stehen, auf bevölkerte Landstriche überzugreifen.

Gesellschaftliche Konsequenzen der Wetterbeeinflussung

Es ist klar, daß wir noch immer eine Menge über die Wissenschaft und Technologie der Wetterbeeinflussung lernen müssen. Es wird immer deutlicher sichtbar, daß die Entwicklung des Wissens und der Techniken zur Beeinflussung von Wolken, Niederschlags- und Wettersystemen viele gesellschaftliche Konsequenzen hat. Es hat schon rechtliche Auseinandersetzungen über Fragen wie „Wem gehören die Wolken und der Niederschlag?" gegeben. Mit vielen anderen kann gerechnet werden. Den Meteorologen wird jetzt klar, daß der einzig vernünftige Weg, der bei der Wetterbeeinflussung beschritten werden kann, die Beteiligung von Ökologen, Soziologen, Rechtsexperten und der Öffentlichkeit mit einbezieht. Das Ziel sollte es sein, den Nutzen für die Gesellschaft als Ganzes so groß wie möglich zu machen.

Anmerkungen

[1] Das Symbol ppm steht für parts per million, eine Einheit, die gebraucht wird, um winzige Gehalte einer Substanz in einer anderen auszudrücken. Zum Beispiel bedeutet 0.1 Volumen ppm O_3 eine Menge von 0.1 cm^3 Ozon in 10^6 cm^3 Luft.

[2] Die Verdampfungswärme des Wassers hängt von der Temperatur ab und variiert zwischen 2380.7 und 2631.7 Jg^{-1} entsprechend der Temperaturspanne von +50° C bis −50° C.

[3] Der Luftdruck kann aus dem idealen Gasgesetz berechnet werden: $p = RT/e$ wobei p der Druck, T die absolute Temperatur, e die Dichte und R die individuelle Gaskonstante für Luft ist.

[4] Die hydrostatische Grundgleichung lautet:
$P_1 - P_2 = \rho g (z_2 - z_1)$, wobei ρ die mittlere Dichte ist, g die Schwerebeschleunigung, P_2 und P_1 die Drucke in den Höhen z_2 und z_1. Wenn beispielsweise der Druck in Meereshöhe 1013 mb beträgt und die mittlere Dichte zwischen der Erdoberfläche (z = 0) und z = 1 km 1.1 10^{-3} g cm^{-3} ist, dann ist $P_1 - P_2$ = 1.1 10^{-3} g/cm^3 980 cm/s^2 10^5 cm = 108 10^3 (g cm s^{-2}) cm^{-2} = 108 $10^3 dyn$ cm^{-2} = 108 mb. Daher ist der Druck P_2 in der Höhe von einem Kilometer = (1013-108) = 905 mb

[5] Die Eigenschaften von Zyklonen, Hurrikanen und Tornados werden in späteren Kapiteln besprochen.

[6] S. Clark, S.P., Jr.: Die Struktur der Erde − Ferdinand Enke Verlag Stuttgart 1977.

[7] W.D. *Sellers:* Physical Climatology. University of Chicago Press, 1965

Anhang

Einige Umrechnungsfaktoren

Länge
1 μm = 10^{-6} m = 10^{-4} cm

Fläche
1 m^2 = 10.764 ft^2 = 1550.00 in^2 = 10^{-4} ha = $2.471*10^{-4}$ acres

Volumen
1 m^3 = 35.315 ft^3 = $8.107*10^{-4}$ acre-ft = $6.102*10^4$ in^3 = 264.172 gal (US)

Geschwindigkeit
1 m s^{-1} = 3.6 km hr^{-1} = 2.24 mi hr^{-1} = 1.94 Knoten (kt)

Kraft
1 dyn = 10^{-5} Newton (N)

Druck
1 Millibar (mb) = 0.75 mm Quecksilbersäule = 10^3 dyn cm^{-2} = 100 N m^{-2}

Energie
1 Kalorie (cal) = 4.184 Joule (J) = $4.184*10^7$ erg

Leistung
1 Watt (W) = 1 J s^{-1} = 14.340 cal min^{-1}

Energieflüsse
1 cal cm^{-2} (1 ly) = $4.184*10^4$ J m^{-2}
1 cal cm^{-2} min^{-1} (ly min^{-1}) = 697.32 W m^{-2}
1 cal cm^{-2} s^{-1} (ly s^{-1}) = $4.184*10^4$ W m^{-2}
1 cal cm^{-2} h^{-1} (ly h^{-1}) = 11.62 W m^{-2}

Häufiger gebrauchte Konstanten und Eigenschaften der Erde

Masse der Erde: $5,98*10^{24}$ kg
Masse der Ozeane: $1,23*10^{21}$ kg
Masse der Erdatmosphäre: $5,29*10^{18}$ kg
Mittlerer Radius der Erde: 6371 km = $6,371*10^6$ m
Mittlere Gravitationsbeschleunigung an der Erdoberfläche: 9.807 m s^{-2}
Winkelgeschwindigkeit der Erde: $7,292*10^{-5}$ s^{-1}
Solarkonstante: 1353 W m^{-2} = 1,94 cal cm^{-2} min^{-1}

Universelle Gaskonstante:
8,3144*10^7 erg mol^{-1} K^{-1} = 8,32 J mol^{-1} K^{-1}
Gaskonstante für trockene Luft:
2,870*10^6 erg g^{-1} K^{-1} = 287,04 kg^{-1} K^{-1}
Mittleres Molekulargewicht trockener Luft:
28,966 g mol^{-1} = 0,0289 kg mol^{-1}
Spezifische Wärme von trockener Luft:
  bei konstantem Druck
  c_p = 0,240 cal g^{-1} K^{-1} = 1004,16 J kg^{-1} K^{-1}
  bei konstantem Volumen
  c_v = 0,171 cal g^{-1} K^{-1} = 715,46 J kg^{-1} K^{-1}
Stefan-Boltzmann Konstante:
8,128*10^{-11} cal cm^{-2} K^{-4} min^{-1} = 5,67*10^{-8} J m^{-2} K^{-4} s^{-1}
Die Stefan-Boltzmann Konstante tritt im Stefan-Boltzmann Strahlungsgesetz E = 6 T^4 auf; dieses Gesetz ist unter anderem von Bedeutung bei der Beschreibung von Strahlungsprozessen in der Erdatmosphäre und an der Grenzfläche zwischen Erdoberfläche und Atmosphäre.

Ergänzende Literatur

FAUST, H.: Vom Regenmacher zum Wettersatelitten
FLOHN, H.: Klima und Wetter
FORTAK, H. (1971): Meteorologie, Darmstadt
REITER, E. R. (1970): Strahlströme, Berlin-Heidelberg
REUTER, H. (1968): Die Wissenschaft vom Wetter,
  Berlin-Heidelberg
SCHERHAG, R. (1962): Einführung in die Klimatologie,
  Braunschweig

Weiterführende Literatur

BARRY, R. G. and A. H. PERRY (1973): Synoptic Climatology, London
BATTAN, L. J. (1973): Radar Observation of the Atmosphere, Univ. of Chicago Press.
BLÜTHGEN, (1964): Allgemeine Klimageographie, Berlin
CRAIG, R. A. (1965): The Upper Atmosphere, New York
FAUST, H. (1968): Der Aufbau der Erdatmosphäre
GEIGER, R. (1961): Das Klima der bodennahen Luftschicht, Braunschweig
HESS, S. L. (1959): Introduction to Theoretical Meteorology, New York
HOLTON, J. R. (1972): An Introduction to Dynamic Meteorology, New York
Meteorological Office (1958): Tables of Temperature, Relative Humidity and Precipitation for the World, London
MÖLLER, F.: Meteorologie, 2 Bd., BI – Hochschultaschenbücher
PALMEN, E. and C. W. NEWTON (1969): Atmospheric Circulation Systems, New York
REITER, E. R. (1961): Meteorologie der Strahlströme, Berlin-Heidelberg
RIEHL, H. (1954): Tropical Meteorology, London und New York
RUDLOFF, H. von (1966): Die Schwankungen und Pendelungen des Klimas in Europa
SELLERS, W. D. (1965): Physical Climatology, Univ. of Chicago Press.
THOMPSON, P. D. (1961): Numerical Weather Analysis and Prediction, London und New York

Register

Abfluß 94f.
Absinken (von Luft) 30f., 43f.
Adiabatische Schichtung
– – feuchter Luft 33ff.
– – trockener Luft 31ff.
Aerosole
– als Luftmasseneigenschaft 58–62
–, Auswirkung auf das Klima 132ff.
–, Definition 1
– in der Atmosphäre 7ff.
Aitken
–, Kerne 7
–, Kernzähler 7ff.
Albedo 14
Allgemeine Zirkulation
– –, Beschreibung 42–61
– –, Labormodelle 51f.
– –, teoretische Modelle 55–59
– – und Klima 121ff., 134f.
Altokumulus 81, 83
Altostratus 81, 83
Antizyklonen
–, Definition 70f.
–, semipermanente 30, 43–46
Arktischer Ozean 55, 94
Atmosphärische Elektritizät 99f., 149
Atmosphärische Schmutzstoffe
– –, Aerosole 5–10, 132ff.
– – bei stabiler Schichtung 26
– –, Gase 5ff., 132ff.
– –, Stadtplanung 138
– – und Klima 132ff.
Aufquellen von Ozeanwasser 54
Auftriebskraft 25f.
Aufwärtsströmungen
– in Gewittern 28, 35, 98f., 102
– in Hurrikanen 110
– in konvektiven Wolken 24ff., 28, 33ff.
Aurora
– australis 23
– borealis 23

Barokline
–, Atmosphäre 60
–, Theorie der Zyklonenentstehung 69–73
Barotrope Atmosphäre 60

Bergeron, Tor 88
Bjerknes, Jakob 54
Berg- und Talwinde 40
Bleijodid 146
Blitz 15, 99f., 149
Browning-Ludlam Modell zur Hageentstehung 102ff.
Budyko, M.I. 55
Buys Ballot Gesetz 39
Byers, Horace R. 98

Charney, Jule 69
Chinookwind 41
Cirrokumulus 81
Cirrostratus 81ff.
Cirrus 80–83
Corioliskraft 37ff.
Cumulus (s. Kumulus)
Cumulunimbus (s. Kumulunimbus)

Dichte
– der Luft 19, 24, 35, 46
– verschiener Substanzen 46
– von Eis 25, 46
– von Wasser 25, 46
Drehmoment 70
Druck
–, Änderung mit der Höhe 19ff., 35f.
–, Gradient 35–39
– in Hurrikanen 108f.
– in Tornados 104–106
– in Zyklonen und Antizyklonen 31, 52, 68–73, 111f.
–, Verteilung auf Wetterkarten 31, 45–49, 57, 59, 68–73
– und Klima 124ff.
– und Temperatur 19, 29–35
– und Wind 35–39
Dürre 125

Eady, E.T. 70
Eiskerne
–, Definition und Eigenschaften 78
–, Effektivität versch. Arten 78
Eiskristalle
–, Arten 78–80
–, Entstehung 78–80

Eiskristallprozeß 88–89
Eiszeiten
–, Auftreten in versch. geologischen Epochen 127–131
–, Hypothesen über Entstehung 131–135
Eis zur Wolkenbesäuung 146
Elektromagnetische Wellen 10–13
Emissivität 13
Energieflüsse 16–19
Energien geophysikalischer Phänomene 15
Evapotranspiration 107

Fletcher, Joseph O. 54
Flächen konstanten Drucks 47ff., 143
Feuchte
–, absolute 3
–, relative 3
Flohn, H. 124
Flugwesen und Wetter 136–139, 147
Föhnwinde 41, 136
Fossile Brennstoffe 4f., 133f.
Frontaltheorie der Zyklonen 67ff.
Fronten
–, Definition 24, 65f.
–, Klassifikation und Eigenschaften 65–69
– und Zyklonen 65–74
Frost und Landwirtschaft 137
Fühlbare Wärme 17–19
Fujita, T.T. 106
Fultz, Dave 51

Gefrierender Regen 90f.
Geostrophischer Wind 39
Gesamtabfluß (s. Abfluß–
Gewitter
–, elektische Ladung 99f.
–, Energie 15
–, Entstehung und Eigenschaften 97–104
– in äquatorialen Regionen 94
– Luftmassen- 97–100
–, organisierte 100–104
– und Tornados 104–108
Global Atmospheric Research Program (GARP) 59
Golfstrom 53

Hagel
– Eigenschaften und Enstehung 100–104
Hagelgewitter, Modifikation von 148f.
Hagelsteine, Größe von 91
Halo 81
Hochdruckgebiete (s. Antizyklonen)
Howard, Luke 80
Humboldtstrom 54
Hurrikane
–, Agnes 114
–, Aufspürung durch Radar 111f.
–, Aufspürung durch Satelliten 111f.
–, Auge des 108f.
–, Camille 113
–, Debbie 151
–, Donna 111
–, Eigenschaften und Entstehung 108–115
–, Energie 15
–, Erscheinungsgebiete 109
–, Flutwelle 114f.
–, Inez 112
–, Wellen 114f.
–, Winde 24, 108, 111
Hydrostatische Grundgleichung 36, 152
Hygroskopische Kerne 76, 146

Infrarotstrahlung 12–16
Innertropische Konvergenzzone (ITC) 43
Instabilität
–, atmosphärischer Wellenzyklonen 69
–, schwerer Unwetter 97–104
–, thermische, und Vertikalgeschwindigkeit 26–35
Ionosphäre 22
Isobare 36
Jet-stream (s. Strahlstrom)

Kalifornienstrom 54
Kalmenregion 43
Kerne
–, Kondensationskerne 76f., 146
–, Eiskerne 78, 146–151
Kinetische Energie 15, 42

Klassifikationen
- von Klimaten 123–126
- von Wolken 80–86

Klimate
-, Beschreibende Klimatologie 117–123
-, Definition 116
- der Erde 127–131
-, Hypothesen zur Klimaänderung 131–135
-, Klassifikationen 123–126

Kohlendioxid (CO_2)
-, Absorption im Infrarotbereich 15
-, Auswirkungen auf das Klima 133f.
- in der Atmosphäre 2–5, 133f.
- zur Wolkenbesäung 146

Kohlenmonoxid (CO) 6
Kohlenwasserstoffe 6f.
Kondensationskerne 7–10, 76f.
Kontinentaldrift und Klimate 132
Kontinentale Klimate 124
Konvektion 10, 24–35, 97–100
Köppen, Wladimir 125
Krakatau 9f., 15, 29
Kumulunimbus 80, 149f.
Kumulus 80f.
Kuroshiostrom 54

Labil geschichtete Luft (s. Instabilität)
Landwind 39f.
Langmuir, Irving 148
Landwirtschaft und Wetter 137f., 149
Luftmassen
-, Definition 61
-, Klassifikation 61–65

Magnetischer Sturm 15, 22
Makroklima 116
Maritimes Klima 124
Mesoklima 116
Mesopause 22
Mesosphäre 22
Mikroklima 116
Modelle atmosphärischer Zirkulationssysteme
– – –, Hurrikane 151
– – –, Labormodelle der Allgemeinen Zirkulation 51f.
– – –, theoretische Modelle der Allgemeine Zirkulation 55–59
– – –, Zyklonen und Antizyklonen 70–74

Monsun 46
Motorfahrzeuge 6
Mount Agung 9f., 29

Nachtleuchtende Wolken 23
Namias, Jerome 54
National Hurricane Research Laboratory 111
National Oceanic and Atmospheric Administration (NOAA) 59, 71, 84f., 91, 105, 112
National Weather Service (NWS) 71, 101
Nebelbeeinflussung 146f.
Nettostrahlungsbilanz 14ff.
Newton, 2. Gesetz 25, 35
Niederschlag
-, Enstehung 87–91
- in Hagelgewittern 102ff.
- in Hurrikanen 114f.
-, klimatische Charakteristka 120–123
-, Modifikation 147–151
-, Schnee 88ff.
- über Kontinenten und Ozeanen 92–96, 120–147
Nimbostratus 81, 86
Numerische Methoden 70–74, 140–144, 151

Okkludierende Fronten 65
Ozeane
-, Aerosole über den 8,
- als Wärmereservoir 118–121
-, Aufquellen von Wasser 53ff.
-, Energietransporte 16–19
-, Strömungen 54
-, Temperatur 54, 118–121
-, Verschmutzung 133
-, Wechselwirkung mit der Atmosphäre 28, 45f., 53ff., 64
Ozon (O_3), 2f., 22

Partikel in der Atmosphäre (s. Aerosole)
Passate 43

Perlmuttwolken 23
Planck'sches Gesetz 13
Polarfront 65

Radar
–, Aufspüren von Hurrikanen 115
–, Aufspüren von Tornados 107f.
Radiosonde 19, 142
Raketen
 – zur Erforschung der Atmosphäre 21f.
 – zur Wettermodifikation 127–128
Regen (s. auch Niederschlag)
–, Entstehung 87–91
–, Regenschatten 125
Reibungskräfte 36–39
Relative Feuchte 3
Riehl, Herbert 52f.
Rossby, Carl-Gustav 51
Rossby Zahl 51
Roßbreiten 43

Sauerstoff 13–16
Schäfchenhimmel 81, 85
Schäfer, Vincent, J. 146
Schnee (s. auch Niederschlag) 88ff.
Schwarzkörperstrahlung 11f.
Schwefeldioxid 5f., 76
Schwere Unwetter 97–104
Seeis 54f., 96, 131
Seewind 39–40
Sellers, William D. 133
Silberjodid 146
Solare Eruptionen
 – und Ionosphäre 22
 – und Klimaänderungen 132f.
Solarkonstante 13f.
Solarstrahlung 11–16, 45f.
Sonnenflecken und Klima 132f.
Spezifische Wärme 45f., 121
Squall-line 15, 100ff., 107
Stabilität (s. Instabilität)
Standardatmosphäre 20
Stefan Boltzmann Gesetz 12f.
Stormfury, Projekt 151
Strahlung
–, Abkühlung 27–30
–, Bilanz 13–16
–, Luftmassencharakteristik 62f.
– **Solar- und terrestrisch 10–13**

– – und Tau oder Frost 76
Stratopause 21f.
Stratosphäre
 – und atmosphärische Verschmutzung 21f.
 – und Gewitterobergrenze 98
Stratus 80f., 83ff.

Taifun (s. Hurrikan)
Taupunkt 75
Teilchen pro Million 3, 152
Temperatur
 – an ausgewählten Städten in den USA 117f.
 – der Erde 12f., 96
 – der Ozeane 54, 118f.
–, Extreme auf der Erde 117
 – im Mittel auf der Erde 117ff.
–, Inversionen 27–31, 98
–, tägliche Schwankung 124
–, vertikale Verteilung 21f.
–, vertikaler Gradient 21f., 27–35
Terrestrische Strahlung 11f.
Terrestrisches Wasser (s. Wasser auf der Erde)
Thermosphäre 22
Thornthwaite, C.Warren 123
Thunderstorm Project 98f.
Tiefdruckgebiete (s. Zyklonen)
Tornados
–, Entdeckung und Verfolgung 107f.
–, Bedingungen zur Entstehung 106f.
–, Eigenschaften 104–108
–, Energie 15
 – in den USA 101
–, Winde 24, 104, 106
–, Zerstörerische Auswirkungen 104, 106
Tropisches Tiefdruckgebiet 111
Tropischer Wirbelsturm 111
Tropopause 20, 21
Troposphäre 20, 28f.

Übersättigung von Luft 76f.
Überschwemmungen 114
Unterkühlung
 – von Regentropfen 88f.
 – von Wolken 146–151

– von Wolkentröpfchen 77, 88ff.
Ultraviolettstrahlung 12
Umschlagsrate des Wasserdampfes in der Atmosphäre 94

Verdampfungswärme 17, 23
Verdunstung von Kontinenten und Ozeanen 92f.
Vereisung 91
Vertikalbewegungen
– an Fronten 65f.
–, Auf- und Abwärtsströmungen in konvektiven Wolken 24ff. 28, 33ff., 98f., 102
– in Hurrikanen 110
– in lokalen Windsystemen 40f.
– in Zyklonen 67, 70
Verweilzeit
– von Partikeln in der Atmosphäre 8f., 31
– von Wasserdampf in der Atmosphäre 94
Vonnegut, Bernard 146
Vorhersage (s. Wettervorhersage)
Vulkanausbrüche
– und Klimaänderungen 133f.
– und Zusammensetzung der Atmosphäre 8–15

Wärmehaushalt der Atmosphäre 13–19
Wärmekapazität 45f.
Wasser auf der Erde 92–96
Wasserdampf
–, Absorption von Infrarotstrahlung 11–16
– in der Luft 3ff., 25, 33ff.
–, Übersättigung 76f.
Wasserkreislauf 92–96
Wechselwirkung von Ozeanen und Atmosphäre 53ff.
Wettermodifikation
–, Blitz 149
–, gesellschaftliche Konsequenzen 151
–, Hagelgewitter 148f.
–, Hurrikane 115, 149ff.
–, Nebel 146f.
–, Regen 147f.
–, Wolken 146–151
Wettersatelliten 54, 111f., 115

Wettervorhersage
–, Fertigkeit in der Wettervorhersage 139f., 147f.
–, Kurzfristvorhersage 139f.
–, Langfrist- 59
– mit numerischen Methoden 70–74, 141–144
– und Zyklonen 86
– von Hurrikanen 115
–, Wahrscheinlichkeitsvorhersage 144
Willet, Hurd 132
Windrose 137
Winde
–, Definition 24f.
–, Hauptwindströmungen 42–53
– in Gewittern 98ff.
– in Hurrikanen und tropischen Tiefdruckgebieten 113ff., 150f.
–, Kräfte, die die Winde beherrschen 35–39
–, Windrose 137
Wirbelstürme (s. Hurrikane)
Wolken
–, Besäung (s. Wettermodifikation)
–, Entstehung 75–80
–, Klassifikation 80–86
–, nachtleuchtende 23
–, Perlmutt- 23
– und Tiefdruckgebiete 81ff.
–, Zusammensetzung 75–80
Wolkentröpfchen
–, Größen und Fallgeschwindigkeiten 87f.
–, Verschmelzungsprozeß 87f.
–, Zusammensetzung und Entstehung 75–78
World Meteorological Organization (WMO) 80

Zusammensetzung der Atmosphäre 1–16, 20–23, 133f.
Zyklonen
–, Definition 59f.
–, Energie 15
– Theorie der frontalen Wellen 67ff.
– – – – –, Theorie der baroklinen Wellen, 69–74
– – – – –, Wolken und Niederschläge an 81ff.

Qualität der Ausstattung

	sehr gut	gut	genügend	ungenügend
Druck				
Papier				
Abbildungen				
Tabellen, graf. Darstellungen				
Gliederung				
Einband				

Der Preis des Buches ist

☐ zu hoch ☐ angemessen ☐ günstig

Sind Titel und Untertitel treffend gewählt?
Wenn nein, Gegenvorschlag:

_____
_____
_____
_____
_____
_____
_____
_____
_____

Wir nehmen Sie gern in unsere Informationskartei auf.
Bitte machen Sie uns dazu ein paar Angaben:

Name, Vorname

Adresse

Beruf (Studienfachrichtung)

Semesterzahl

Battan Wetter

ISBN 3 432 90391 X

Ihre Meinung über dieses Buch ist für uns von großem Interesse.
Bitte beantworten Sie uns deshalb ein paar Fragen.

Bitte trennen Sie dieses Blatt heraus und senden Sie es im
Kuvert an: Ferdinand Enke Verlag
 Postfach 1304
Besten Dank für Ihre Bemühungen! D-7000 Stuttgart 1

Qualität des Inhalts

1. Wie ist das Thema behandelt?
   - ☐ zu ausführlich
   - ☐ zu kurz
   - ☐ angemessen
   - ☐ _____

2. Wie ist der Stoff dargestellt?
   - ☐ schwer verständlich
   - ☐ gut verständlich
   - ☐ weitschweifig
   - ☐ _____
   - ☐ unübersichtlich
   - ☐ anschaulich
   - ☐ didaktisch gut gegliedert
   - ☐ _____

3. Welche zusätzlichen Forderungen sähen sie gern erfüllt?
   - ☐ Text ausführlicher
   - ☐ mehr Tabellen und Grafiken
   - ☐ mehr Abbildungen
   - ☐ straffere Gliederung
   - ☐ stichwortartige Zusammenfassungen
   - ☐ _____

   Sachregister
   - ☐ nicht ausreichend
   - ☐ ausreichend

   Literaturverzeichnis
   - ☐ zu lang
   - ☐ ausreichend
   - ☐ zu kurz

bitte wenden!